建筑工人自学成才十日通——泵工200问

主　编　张　京
副主编　黄荣辉
参　编　范亚君　辛　闯　李　欣
　　　　石永红　张　斌

机 械 工 业 出 版 社

本书采用“问答”的形式，并附上结构图和实际操作图，内容简练实用，通俗易懂。本书以操作工艺、质量、安全三大部分为主线，分别配以基本知识、材料、工种配合及相关知识，以解决每个工种“应怎样干”“怎样才能干好”及“怎样确保不出安全事故”三个关键问题。

本书共分六篇，内容包括混凝土基本知识、泵机的分类与构造、泵机操作与保养、泵送操作及质量控制、泵机的常见故障及其排除、安全与环保。

图书在版编目（CIP）数据

泵工200问/张京主编. —北京：机械工业出版社，2017.6
（建筑工人自学成才十日通）
ISBN 978-7-111-57022-6

Ⅰ.①泵… Ⅱ.①张… Ⅲ.①泵站-运行-问题解答
Ⅳ.①TV675-44

中国版本图书馆CIP数据核字（2017）第127118号

机械工业出版社（北京市百万庄大街22号 邮政编码100037）
策划编辑：张 晶 责任编辑：张 晶 王海霞
责任校对：王 欣 封面设计：马精明
责任印制：常天培
涿州市京南印刷厂印刷
2017年8月第1版第1次印刷
130mm×184mm · 6.25印张 · 143千字
标准书号：ISBN 978-7-111-57022-6
定价：29.80元

凡购本书，如有缺页、倒页、脱页，由本社发行部调换

电话服务
服务咨询热线：010-88361066
读者购书热线：010-68326294
010-88379203

网络服务
机 工 官 网：www.cmpbook.com
机 工 官 博：weibo.com/cmp1952
金 书 网：www.golden-book.com
教育服务网：www.cmpedu.com

本书编写委员会

编委会主任：黄荣辉

副　主　任：周占龙　张浩生

成　　　员：郭佩玲　张　京　王吉生　朝鲁孟

范圣健　董旭刚　陈艳华　穆成西

梁丽华　王　玲　郭　旭　王成喜

格根敖德　杨　薇　范亚君　黄　华

吴丽华　朱新强　张　玺　石永红

张　斌　杨　毅　孙明威　石　勇

金永升　梁华文　黄业华　曹瑞光

李宝祥　王玉昌　白永青　宫兴云

王富家　秦旭甦　李　欣　辛　闯

丛书序

我国的建筑业进入 21 世纪后，发展速度仍很快，尤其是住宅和公共建筑遍地开花，建筑施工队伍也不断扩大。为此，如何提高一线技术工人的理论知识和操作水平是一个急需解决的问题，这将关系到工程质量、安全生产及建筑工程的经济效益和社会效益，也关系到建筑企业的信誉、前途和发展。

20 世纪 80 年代以来，我国建筑业的体制发生了根本性变化，大部分建筑企业已没有自己固定的一线工人，操作工人主要来自农村。这些人员基本上只具有初中的文化水平，对建筑技术及操作工艺了解甚少。其次是原来建筑企业的一线工人按等级支付报酬的制度已不存在，务工人员均缺乏一个“拜师傅”和专业培训的过程，就直接上岗工作。第三是过去已有的关于这方面的书籍，均是以培训为主编写的。而现实中，工人也需要掌握一定的操作技能，以适应越来越激烈的市场竞争，他们很想看到一本实用、通俗、简明易懂，能通过自学成才的书籍。

基于以上的原因，本系列图书均采用“问答”的形式，以通俗易懂的语言，使建筑工人通过自学即能掌握本工种的基本施工技术及操作方法。同时还介绍与本工种有关的新材料、新技术、新工艺、新规范、新的施工方法，以及和环境、职业健康、安全、节能、环保等有关的相关知识，建筑工人从书中能够有针对性地找到施工中可能出现的质量、安全问题的解决办法。

丛书中每个工种均以操作工艺、质量、安全三大部分为主线，包括基本知识、材料、工种配合及相关知识，以解决每个工种“应怎样干”“怎样才能干好”及“怎样确保不出安全事故”三个关键问题。

丛书包括：《建筑工人自学成才十日通——砌筑工 200 问》《建筑工人自学成才十日通——混凝土工 200 问》《建筑工人自学成才十日通——模板工 200 问》《建筑工人自学成才十日通——建筑电工 200 问》《建筑工人自学成才十日通——测量放线工 200 问》《建筑工人自学成才十日通——泵工 200 问》。

丛书的编写以行业专家为主，他们不仅具有扎实的专业理论知识，有当过工人的经历，更有多年的从业经验，比较了解一线工人应掌握知识的深度和广度。同时，丛书编写小组还吸收一部分长期在一线的中、青年技术人员参与，并广泛征求一线务工人员的意见，使这套丛书更具有可读性和实用价值。

前言

近年来，混凝土泵送技术已广泛用于建设工程，各预拌混凝土公司都配置了一定数量的泵送设备，其中汽车泵大部分由汽车司机直接转岗操作，拖式泵操作人员则大部分从一般工人中抽调。由于缺乏专业培训，质量安全问题和设备事故频繁发生，造成了许多不可挽回的损失。

近年来，建设行业中从事泵送工作的技术工人由于工作的特殊性，没有足够的时间学习和培训，为使初入行的从事泵送工作的读者通过自学掌握这门技术，特编写本书。本书汇总了泵工必须了解并学会应用的内容，并以问答的形式编写，便于读者针对工作中遇到的问题进行查询并快速将其解决。

本书共分六篇，其中第一篇“混凝土基本知识”和第四篇“泵送操作及质量控制”主要介绍了混凝土的组成、品种，建筑工程各部位的名称及作用，泵送操作要点及质量控制，使初入行的操作人员能较快地掌握混凝土泵送技术，避免或减少安全和质量事故的发生；第二篇“泵机分类与构造”，第三篇“泵机操作与保养”，第五篇“泵机的常见故障及其排除”，介绍了泵送设备的构造、操作、保养及故障排除方面的知识，参考了一些泵机生产厂的培训资料，图文并茂，通俗易懂；第六篇“安全与环保”着重介绍了泵送过程中有关安全和环保的要求，确保操作人员和设备的安全与对环境的维护。

由于作者水平有限，书中可能会有一些错误或不足之处，欢迎广大读者提出宝贵意见。

编　者

目录

从书序
前　言
第一篇　混凝土基本知识 …… 1
第 1-1 问　泵送混凝土由哪些材料组成？对这些材料有什么要求？…… 2
第 1-2 问　泵送混凝土与非泵送混凝土有什么不同？…… 4
第 1-3 问　什么是混凝土砂率和水胶比？…… 4
第 1-4 问　什么是混凝土拌合物坍落度？…… 4
第 1-5 问　什么是混凝土拌合物可泵性、保水性和离析？…… 4
第 1-6 问　混凝土怎样分类？用什么符号表示？…… 6
第 1-7 问　一般民用建筑由哪些主要构件组成？各部位的作用和常用混凝土强度等级是多少？…… 7
第二篇　泵机的分类与构造 …… 12
第 2-1 问　什么是混凝土输送泵？其工作原理是什么？ …… 13
第 2-2 问　混凝土输送泵分为哪几类？ …… 13
第 2-3 问　超高层施工采用什么样的拖式泵？ …… 15
第 2-4 问　农村建房采用什么样的泵？ …… 16
第 2-5 问　泵送系统由哪些部分组成？ …… 17
第 2-6 问　料斗由哪些部分组成？ …… 17
第 2-7 问　搅拌机构由哪些部分组成？它的作用是什么？ …… 18
第 2-8 问　分配阀有哪几种形式？ …… 19
第 2-9 问　什么是切割环和眼镜板？它们设置在什么部位？起什么作用？ …… 20
第 2-10 问　S 阀中橡胶弹簧的作用和自动补偿间隙原理

是什么？…… 21
第 2-11 问 S 阀摇摆机构由哪些部分组成？它的工作原理与作用是什么？…… 21
第 2-12 问 输送缸设置在泵送系统中的什么位置？起何作用？…… 22
第 2-13 问 什么是洗涤室？它设在什么部位？其作用是什么？…… 22
第 2-14 问 主液压缸由哪些部件组成？其主要作用是什么？…… 24
第 2-15 问 主液压缸的限位液压缸和防水密封装置的作用是什么？…… 24
第 2-16 问 什么是液压双缸活塞式混凝土泵？…… 25
第 2-17 问 双缸活塞式泵反泵时的工作过程是怎样的？…… 26
第 2-18 问 泵车由哪些部分组成？…… 27
第 2-19 问 泵车的泵送系统包括哪些部分？…… 27
第 2-20 问 料斗总成由哪几部分组成？…… 29
第 2-21 问 润滑系统主要由哪些部分组成？其主要润滑点有哪些？需要注意什么？…… 33
第 2-22 问 泵车输送管由哪些部件组成？其用途有哪些？使用中应注意什么？…… 35
第 2-23 问 泵车臂架系统由哪些部分组成？它的主要作用是什么？…… 36
第 2-24 问 布料杆和转塔之间有何关系？它们有什么作用？…… 37
第 2-25 问 布料杆由哪些部件组成？它的作用是什么？…… 37
第 2-26 问 臂架折叠形式有哪几种？各有什么特点？…… 38
第 2-27 问 转塔由哪些部件组成？它的作用是什么？…… 39
第 2-28 问 支腿支撑由哪些部件组成？其作用是什么？…… 40
第 2-29 问 泵车液压系统由哪些部分组成？…… 41
第 2-30 问 什么是液压元件？它包含哪些部件？…… 41
第 2-31 问 底盘在泵车中的功能是什么？泵车底盘常用哪些品牌？…… 43
第 2-32 问 采用五十铃底盘和沃尔沃底盘改装的泵车底盘在使用时要注意什么？…… 44
第 2-33 问 泵车的分动箱有什么用途？…… 44

第 2-34 问　泵车电控系统由哪几部分组成？各有哪些控制功能？怎样操作？…… 45

第三篇　泵机操作与保养 …… 49

第 3-1 问　怎样将泵车从行驶状态切换到泵送状态？需要注意哪些事项？…… 50
第 3-2 问　泵车支腿的操作程序是怎样的？有哪些注意事项？…… 53
第 3-3 问　泵车遥控器的基本结构是怎样的？…… 57
第 3-4 问　怎样使用遥控器？…… 58
第 3-5 问　遥控器可操纵泵车多少个功能（动作）？…… 60
第 3-6 问　怎样进行遥控臂架伸展操作？…… 61
第 3-7 问　怎样进行近控臂架操作？近控操作宜在什么情况下采用？…… 64
第 3-8 问　泵送结束后可用哪些方法清洗泵送设备和管道？…… 65
第 3-9 问　泵送结束后怎样收车？…… 68
第 3-10 问　泵车有哪些强制功能？怎样操作？…… 69
第 3-11 问　混凝土活塞怎么保养？应注意哪些事项？…… 70
第 3-12 问　怎样进行 S 管轴承和搅拌轴承的保养？…… 70
第 3-13 问　液压油有哪些型号和品牌？使用时应注意什么？…… 72
第 3-14 问　怎样更换液压油及滤芯？…… 72
第 3-15 问　怎样对料斗进行检查和保养？…… 75
第 3-16 问　怎样对旋转减速机进行检查和保养？…… 77
第 3-17 问　怎样对减速机进行换油操作？…… 78
第 3-18 问　怎样进行回转支撑的保养？…… 79
第 3-19 问　怎样对分动箱进行检查、保养和更换齿轮油？…… 80
第 3-20 问　怎样对臂架进行检查与保养？…… 81
第 3-21 问　机械系统日常检查及保养项目有哪些？…… 82
第 3-22 问　电气系统日常检查及保养项目有哪些？遥控器如何保养？…… 82
第 3-23 问　底盘系统日常检查及保养项目有哪些？…… 83
第 3-24 问　ISUZU 底盘系统润滑脂的加注要求与方法是什么？润滑点是怎样分布的？…… 83

第3-25问　泵车日常保养需要注意哪些事项？…… 84

第四篇　泵送操作及质量控制 …… 86

第4-1问　新开工工程泵工要提前去工地勘察什么？…… 87
第4-2问　确定泵车停放位置时应考虑哪些因素？…… 87
第4-3问　泵送管道有哪些种类？…… 87
第4-4问　怎样选择混凝土输送管直径？常用管道规格有哪些？… 88
第4-5问　怎样计算泵送管道的折算长度？…… 88
第4-6问　布管的原则是什么？…… 91
第4-7问　怎样垂直向上布管？…… 91
第4-8问　怎样布倾斜或垂直向下泵送管道？…… 93
第4-9问　对泵送管道的支撑设置有何要求？…… 93
第4-10问　为什么泵送前要核查工地的准备情况和混凝土强度等级以及特殊技术要求？…… 94
第4-11问　混凝土送到现场后要进行哪些检查？…… 95
第4-12问　为什么泵送混凝土前要泵水和砂浆？…… 95
第4-13问　排放润管砂浆要注意什么？…… 96
第4-14问　什么是润管剂？…… 96
第4-15问　混凝土入泵坍落度有什么要求？…… 97
第4-16问　开始泵送时要怎样操作？…… 97
第4-17问　为什么不可以用加水的方法来加大混凝土拌合物的流动性？…… 98
第4-18问　混凝土坍落度过小难以泵送怎么办？…… 98
第4-19问　为什么要规定混凝土拌合物在施工现场的停留时间？…… 98
第4-20问　怎样防止混凝土拌合物在施工现场停留超时？…… 99
第4-21问　一个工程同时浇筑多个强度等级的混凝土或有特殊技术要求时要注意什么？…… 99
第4-22问　混凝土布料的原则是什么？浇筑框架梁、竖向结构和梁板结构时应分别注意什么？…… 100
第4-23问　怎样判断混凝土初凝了？…… 102
第4-24问　由于各种原因需要中途停止泵送时应该怎么办？…… 103

第 4-25 问　怎样判断混凝土输送管道是否发生堵管？ …………… 103
第 4-26 问　混凝土泵送过程中发生堵管的原因一般是什么？ …… 104
第 4-27 问　堵管有什么规律？ ………………………………………… 104
第 4-28 问　堵管时应该如何处理？ …………………………………… 105
第 4-29 问　怎样防止堵管？ …………………………………………… 105
第 4-30 问　冬季泵送施工要注意什么？ ……………………………… 106
第 4-31 问　夏季泵送施工要注意什么？ ……………………………… 107
第 4-32 问　泵送即将结束时要做哪些工作？ ………………………… 107
第 4-33 问　泵工施工记录应该包括哪些内容？ ……………………… 108
第 4-34 问　泵工与搅拌站调度有哪些协作关系？ …………………… 108
第 4-35 问　泵工与技术部门有哪些协作关系？ ……………………… 109
第 4-36 问　泵工与施工单位有哪些协作关系？ ……………………… 109
第 4-37 问　泵工与混凝土运输车司机有哪些协作关系？ …………… 109
第五篇　泵机的常见故障及其排除 ……………………………………… 111
第 5-1 问　拖泵泵送系统常见故障有哪些？其原因和排除方法是什么？ ……………………………………………………………… 112
第 5-2 问　拖泵液压系统常见故障有哪些？其原因及排除方法是什么？ ……………………………………………………………… 113
第 5-3 问　拖泵电子控制系统常见故障有哪些？ …………………… 116
第 5-4 问　主回路无电（电动机）的原因是什么？怎么排除？…… 117
第 5-5 问　控制回路无电（电动机）的原因是什么？怎么排除？……………………………………………………………… 117
第 5-6 问　控制回路无电（柴油发动机）的原因是什么？怎么排除？……………………………………………………………… 117
第 5-7 问　主电动机无法起动的原因是什么？怎么排除？………… 118
第 5-8 问　电动机过热的原因是什么？怎么排除？………………… 118
第 5-9 问　柴油发动机无法起动的原因是什么？怎么排除？……… 119
第 5-10 问　柴油发动机调速异常的原因是什么？怎么排除？ …… 119
第 5-11 问　正/反泵异常的原因是什么？怎么排除？……………… 120
第 5-12 问　排量调节异常的原因是什么？怎么排除？ …………… 120
第 5-13 问　搅拌异常的原因是什么？怎么排除？ ………………… 120

第 5-14 问　风冷电动机不转的原因是什么？怎么排除？ …………121
第 5-15 问　显示器显示异常的原因是什么？怎么排除？ …………121
第 5-16 问　拖泵发动机的常见故障有哪些？……………………121
第 5-17 问　发动机起动不了的原因是什么？怎么排除？ …………122
第 5-18 问　发动机起动困难的原因是什么？怎么排除？ …………122
第 5-19 问　发动机功率下降，工作不正常的原因是什么？
怎么排除？……………………………………………………123
第 5-20 问　排气管冒蓝烟或黑烟的原因是什么？怎么排除？……123
第 5-21 问　发动机过热，温度计指在红色区域的原因是什么？
怎么排除？……………………………………………………124
第 5-22 问　发动机机油压力太低的原因是什么？怎么排除？……125
第 5-23 问　柴油发动机负载时排烟过浓的原因是什么？怎么
排除？…………………………………………………………125
第 5-24 问　柴油发动机负载时达不到额定转速的原因是什么？
怎么排除？……………………………………………………125
第 5-25 问　泵车机械系统常见故障有哪些？…………………126
第 5-26 问　转台异响的原因是什么？怎么排除？………………126
第 5-27 问　臂架异响的原因是什么？怎么排除？………………127
第 5-28 问　前支腿伸缩异响的原因是什么？怎么排除？…………127
第 5-29 问　混凝土活塞寿命短的原因是什么？怎么排除？………127
第 5-30 问　眼镜板切割环异常磨损的原因是什么？怎么排除？…128
第 5-31 问　分动箱无法切换的原因是什么？怎么排除？…………128
第 5-32 问　分动箱抖动大、噪声大的原因是什么？怎么排除？…129
第 5-33 问　整车振动大的原因是什么？怎么排除？………………129
第 5-34 问　润滑脂分配阀指针不动作，各部件润滑不良的
原因是什么？怎么排除？……………………………………130
第 5-35 问　支腿不能打开和收拢的原因是什么？怎么排除？……130
第 5-36 问　泵车液压系统常见故障有哪些？……………………131
第 5-37 问　主系统无压力或压力不达标的原因是什么？怎么
排除？…………………………………………………………131
第 5-38 问　泵送系统不换向（主系统压力正常）的原因是什么？

怎么排除？ …………………………………………………… 131

第5-39问　低压泵送时行程变短的原因是什么？怎么排除？ …… 132

第5-40问　高压泵送时行程变短的原因是什么？怎么排除？ …… 132

第5-41问　泵送系统乱换向的原因是什么？怎么排除？ ………… 132

第5-42问　主系统换向憋压（换向压力高）的原因是什么？怎么排除？ ……………………………………………… 133

第5-43问　摆阀液压缸换向无力的原因是什么？怎么排除？ …… 133

第5-44问　闸板阀不同步的原因是什么？怎么排除？ ………… 134

第5-45问　臂架只能单向旋转的原因是什么？怎么排除？ ……… 134

第5-46问　臂架与支腿均无动作的原因是什么？怎么排除？ …… 134

第5-47问　臂架动作、臂架回转及支腿动作中某一个不能动作的原因是什么？怎么排除？ ………………………… 135

第5-48问　臂架动作慢的原因是什么？怎么排除？ …………… 135

第5-49问　臂架"掉臂"的原因是什么？怎么排除？ …………… 135

第5-50问　支腿收回慢的原因是什么？怎么排除？ …………… 135

第5-51问　液压泵异响的原因是什么？怎么排除？ …………… 136

第5-52问　管路异常的原因是什么？怎么排除？ ……………… 136

第5-53问　溢流阀啸叫的原因是什么？怎么排除？ …………… 136

第5-54问　液压油温度异常升高的原因是什么？怎么排除？ …… 136

第5-55问　泵车液压系统漏油的原因有哪些？怎么排除？ ……… 137

第5-56问　泵车电气系统常见故障有哪些？ …………………… 138

第5-57问　电控柜内无电，显示屏不亮的原因是什么？怎么排除？ ……………………………………………………… 138

第5-58问　泵送功能无法启动的原因是什么？怎么排除？ ……… 138

第5-59问　泵送换向次数不够的原因是什么？怎么排除？ ……… 139

第5-60问　泵送憋压、撞缸或者熄火的原因是什么？怎么排除？ ……………………………………………………… 139

第5-61问　泵送过程中活塞退不到润滑点的原因是什么？怎么排除？ ……………………………………………………… 139

第5-62问　风机不转的原因是什么？怎么排除？ ……………… 139

第5-63问　搅拌正转不转的原因是什么？怎么排除？ ………… 140

第5-64问　搅拌反转不转的原因是什么？怎么排除？ …………… 140
第5-65问　什么情况下怠速换向压力会为0？ …………………… 140
第5-66问　退活塞异常的原因是什么？怎么排除？ ……………… 140
第5-67问　排量无法调节的原因是什么？怎么排除？ …………… 141
第5-68问　泵送冲击过大的原因是什么？怎么排除？ …………… 141
第5-69问　臂架喇叭不响的原因是什么？怎么排除？ …………… 141
第5-70问　臂架不能伸展的原因是什么？怎么排除？ …………… 141
第5-71问　显示屏显示“旋转左/右限位”的原因是什么？
怎么排除？ ……………………………………………………… 142
第5-72问　臂架不能左/右旋，显示屏无限位信息的原因是什么？
怎么排除？ ……………………………………………………… 142
第5-73问　支腿不能打开和收拢的原因是什么？怎么排除？ …… 142
第5-74问　怎样对RHX—B液压润滑泵故障进行判断与分析？… 143
第5-75问　遥控器信号不好的原因是什么？怎么排除？ ………… 144
第5-76问　遥控器充不进电的原因是什么？怎么排除？ ………… 145
第5-77问　泵车底盘常见故障有哪些？ …………………………… 145
第5-78问　泵机起动后噪声大，排气管冒黑烟，打泵掉速的
原因是什么？怎么排除？ ……………………………………… 145
第5-79问　更换三滤和机油以后，发动机起动后熄火的原因
是什么？怎么排除？ …………………………………………… 146
第5-80问　发动机不能起动，但起动马达能转动的原因是什么？
怎么排除？ ……………………………………………………… 146
第5-81问　泵送时里程表转动的原因是什么？怎么排除？ ……… 146
第5-82问　底盘测速故障，速度显示为零的原因是什么？怎么
排除？ …………………………………………………………… 147
第5-83问　底盘不能由行驶切换到泵送时，怎么检查和排除
故障？ …………………………………………………………… 147
第5-84问　发动机故障报警，底盘不升速的原因是什么？怎么
排除？ …………………………………………………………… 147
第5-85问　奔驰六桥底盘泵车无法切换到泵送状态的原因是
什么？怎么排除？ ……………………………………………… 148

第六篇　安全与环保 …………………………………………………… 149
第 6-1 问　泵机工作环境有什么要求？…………………………………… 150
第 6-2 问　泵车开车前应注意哪些安全事项？…………………………… 150
第 6-3 问　泵车行进中应注意哪些安全事项？…………………………… 151
第 6-4 问　泵机进入施工现场后要注意哪些安全事项？………………… 152
第 6-5 问　泵车支撑应注意哪些安全事项？……………………………… 152
第 6-6 问　若地面承载能力不足，支撑面应如何处理？………………… 156
第 6-7 问　泵车支撑在坑、坡附近时，怎样确定安全距离？………… 159
第 6-8 问　泵车臂架操作要注意哪些安全事项？………………………… 160
第 6-9 问　作业地高空附近有高压线时，要注意哪些安全事项？………………………………………………………………… 162
第 6-10 问　泵机作业时对混凝土浇筑人员有哪些安全要求？ …… 164
第 6-11 问　泵机作业时泵工要注意哪些安全事项？ ……………… 165
第 6-12 问　混凝土泵送作业有哪些环境保护要求？ ……………… 167
附录 ……………………………………………………………………… 168
附录 A　泵车司机及泵工作业指导书 ………………………………… 169
附录 B　丛书符号和术语 ……………………………………………… 173
参考文献 ………………………………………………………………… 179

第一篇

混凝土基本知识

本篇内容提要

混凝土是建筑工程的主要结构组成材料，要想确保混凝土泵送工作的质量，泵送操作人员必须了解混凝土及建筑工程的基本知识。本篇介绍了混凝土的组成及原材料质量对混凝土可泵性的影响；混凝土的分类、符号、常用术语及其含义；建筑结构各部位名称及常用混凝土型号。掌握本篇内容，有助于初入门的泵送人员正确完成浇筑混凝土工作。

第1-1问 泵送混凝土由哪些材料组成？对这些材料有什么要求？

泵送混凝土由水泥、掺合料（粉煤灰、矿渣粉等）、粗骨料（碎石、卵石、其他重骨料或轻骨料）、细骨料（河砂、机制砂等）和外加剂组成。

1. 粗骨料

粗骨料各项指标与混凝土性能的关系见表1-1。

表1-1 粗骨料各项指标与混凝土性能的关系

粗骨料指标	与混凝土拌合物工作性能的关系	与混凝土其他指标的关系
级配	骨料中大、中、小粒径含量比例合理，达到空隙率最小，混凝土拌合物流动性最好	级配好，混凝土强度及耐久性好
粒径	1. 骨料粒径偏小，混凝土拌合物流动性较好 2. 骨料粒径随泵送高度加大而减小 3. 泵管直径不同，骨料粒径不同（内径为125mm的管，骨料最大粒径为25mm） 4. 用途不同，则粒径不同（如一些地面、防水保护层要求用5~10mm的细石）	C60及其以上高强度等级混凝土粒径一般≤20mm
粒形	粒形浑圆有利于泵送，针、片状含量超过10%易堵泵	粒形不好，则混凝土强度下降
含泥及泥块含量	含泥量越高，混凝土流动性越差，保塑性越低	骨料含泥量越高，混凝土强度越低及耐久性越差

2. 细骨料

细骨料各项指标与混凝土性能的关系见表1-2。

表1-2　细骨料各项指标与混凝土性能的关系

细骨料指标	与混凝土拌合物工作性能的关系	与混凝土其他指标的关系
级配	砂级配不好,粗颗粒过多,则混凝土发"渣";细颗粒过多,则流动性不好,混凝土发"粘"	用级配不良砂配制混凝土时,混凝土强度低
粒形	粒形浑圆有利于泵送,粒形差的机制砂泵送性能明显下降	—
细度模数	泵送混凝土宜采用中砂,其中粒径在0.315mm以下的颗粒含量不宜少于15%,否则混凝土拌合物可泵性不好	砂过细,则混凝土强度下降。高强度混凝土一般采用细度模数2.6~3.0
泥及泥块含量	砂含泥量高,混凝土保塑性下降,坍落度损失大,混凝土拌合物可泵性变差	砂含泥量高,混凝土强度会下降,硬化后易开裂。应采用含泥量不大于2%(质量分数)的优质砂

3. 水泥、掺合料及外加剂

表1-3　水泥、掺合料及外加剂与混凝土性能的关系

名　称	对混凝土工作性能的影响
水泥	可采用硅酸盐水泥、普通硅酸盐水泥、矿渣硅酸盐水泥、粉煤灰硅酸盐水泥。混凝土中水泥及掺合料,胶凝材料总量不宜小于300kg/m^3,否则泵送性能将下降
掺合料(粉煤灰及矿渣粉)	1. 粉煤灰的掺入可提高混凝土的可泵性,但含碳量高的劣质粉煤灰会造成混凝土用水量和外加剂用量的增加,降低混凝土的可泵性 2. 适量掺入矿渣粉可改善混凝土的流动性,但掺量超过胶凝材料总量的50%后混凝土会泌水,可泵性下降,甚至会引起堵泵
外加剂	外加剂是泵送混凝土不可缺少的组分,它的作用是在不增加搅拌用水的情况下,大大提高混凝土的流动性,并在一定时间内保持其流动性,满足混凝土长距离运输和施工现场泵送的要求。外加剂掺量必须严格掌握,掺量不足时,混凝土泵送性能不能满足要求;超掺量时,混凝土则会离析,甚至会堵泵

第1-2问 泵送混凝土与非泵送混凝土有什么不同?

泵送混凝土要远距离运送到施工地点，又要通过输送泵将混凝土泵入结构中，因此必须加入一定量的外加剂，以加大其流动性，延长保持流动性的时间。同时，为满足拌合物流动性的要求，泵送混凝土的配合比中砂率也要比非泵送混凝土大。由于泵送混凝土坍落度大、砂率大、胶凝材料用量大，因此它比非泵送混凝土收缩大，比较容易开裂。

第1-3问 什么是混凝土砂率和水胶比?

混凝土配合比中砂的质量（重量）占砂石总质量的百分比称为砂率，泵送混凝土的砂率一般为35%~45%。砂率大，混凝土的可泵性较好，但会降低混凝土的强度和抗裂性。

混凝土中水用量与胶凝材料总量之比，称为水胶比。水胶比大，则混凝土的流动性提高，强度下降。水胶比过大时，混凝土会离析，可泵性反而变差，甚至会堵泵。

第1-4问 什么是混凝土拌合物坍落度?

坍落度是判定混凝土流动性、黏聚性及保水性的一个重要指标。用300mm高的坍落度筒（图1-1），分三层均匀装入混凝土拌合物，每次用捣棒插捣25次，面层插捣完后，刮去多余混凝土，用抹刀抹平，垂直平稳地提起坍落度筒，测量筒高与坍落后混凝土试体间的高差，即为该混凝土拌合物的坍落度值，如图1-2所示 。

第1-5问 什么是混凝土拌合物可泵性、保水性和离析?

测定混凝土坍落度后，如混凝土坍落度和扩散度较大，则

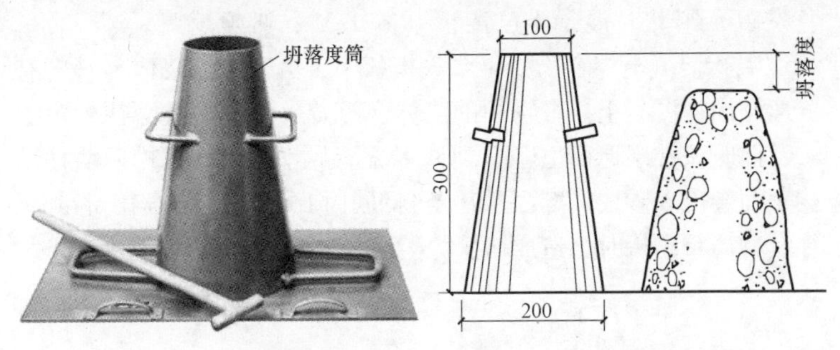

图 1-1　坍落度筒　　　图 1-2　测量混凝土坍落度示意图

用捣棒在已坍落的混凝土锥体侧面轻轻敲打，此时会出现下面几种情况：

1）如果锥体逐渐下沉，则表示混凝土保水性好、可泵性好，如图 1-3 所示。

图 1-3　混凝土试体均匀坍落且保水性较好

2）如果锥体外圈有稀浆或水析出，则混凝土保水性不好，可泵性差。

3）如锥体倒塌后部分崩裂（图 1-4）或混凝土拌合物发生骨料与浆体分离，拌合物静停后表面严重泌水，甚至水的颜色发黄，则此时混凝土已离析（图1-5），必须返厂。

离析混凝土拌合物如果泵入模板中，由于水泥浆体与骨料有分离倾向，混凝土拌合物中的浆体会沿着墙柱模板缝隙往外窜出去，此时该楼层地面上会看到许多流淌的水泥浆，拆模后墙柱结构表面会出现砂线、麻面，甚至露筋、狗洞等质量缺陷。混凝土拌合物严重离析时会造成堵管，甚至会在弯管等处发生爆管。

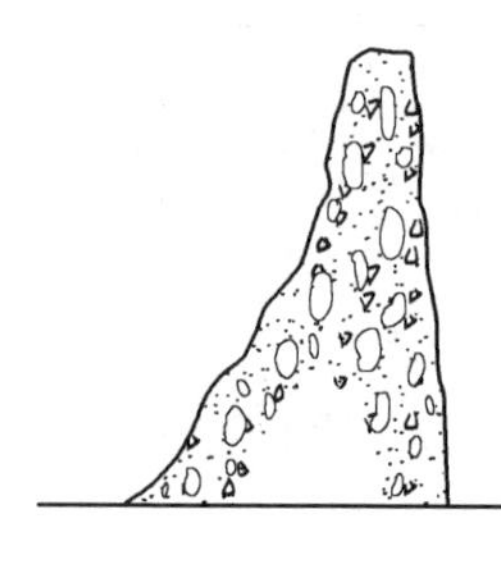

图1-4　混凝土试体偏坍示意图

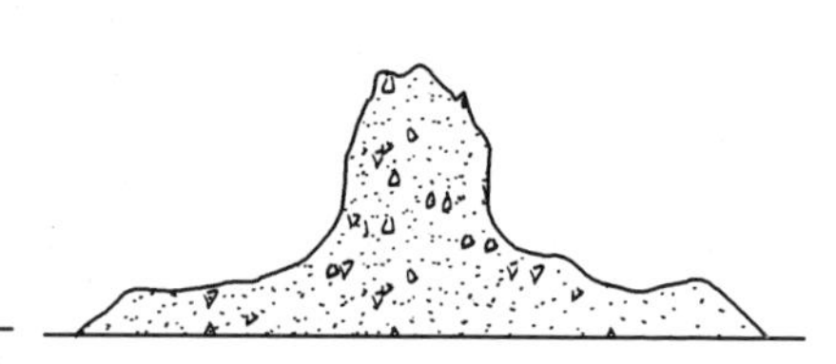

图1-5　混凝土离析试体坍落示意图

第1-6问　混凝土怎样分类？用什么符号表示？

普通混凝土用C××表示，C后面的数值表示混凝土的强度等级（MPa），如C10、C15、C20、C25、C30、C35、C40、C45、C50、C55、C60、…、C120，C后面的数字越大，混凝土的强度等级越高。

抗渗混凝土用C××P×表示，它一般用于地下室底板、墙以及储水池。其抗渗等级有P6、P8、P10、P12等，如C30P8表示混凝土的抗压强度是30MPa，抗渗等级是8级。

抗冻混凝土用C××D××表示，这种混凝土一般用于投入使用后需要承受反复冻融的场合，如北方地区的室外地面、污水处理厂的水池等。抗冻等级有D25、D50、D100、D150、D200、D250、D300、D300以上，D后面的数值越大，表示混

凝土的抗冻能力越高。

防冻混凝土用C××F××表示，它是施工阶段为防止硬化之前受冻，而掺入防冻剂的混凝土。F后面的数字表明浇筑混凝土时的环境温度，如C30F-10是指适用于施工环境温度为-10℃的C30混凝土。

第1-7问　一般民用建筑由哪些主要构件组成？各部位的作用和常用混凝土强度等级是多少？

一般民用建筑主要由基础、内外墙、柱、梁板、地面、楼梯、屋顶（盖）等基本构件组成，如图1-6所示。各部位的

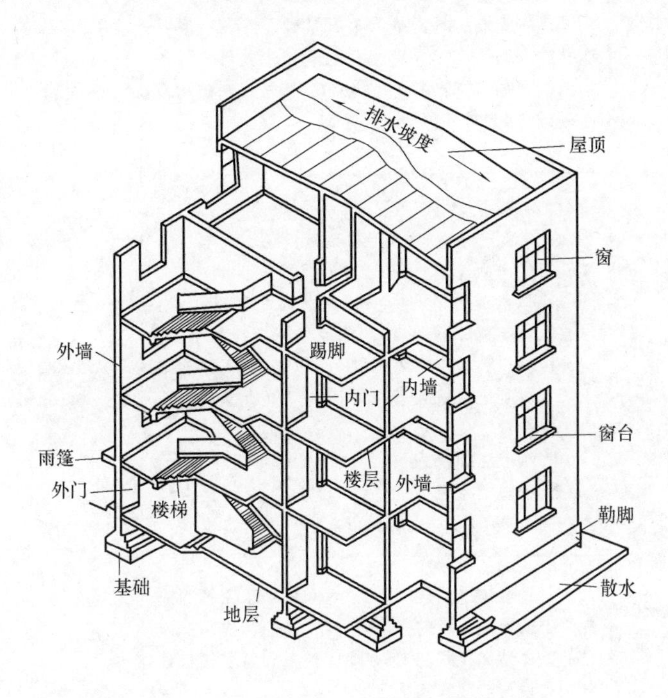

图1-6　民用建筑基本构件组成图示

作用和常用混凝土强度等级见表1-4。

表1-4　民用建筑各部位的作用和常用混凝土强度等级

名　称	作　用	强度等级
垫层 (图1-7)	保护地基土不受扰动,防止雨水浸泡,破坏基土结构而降低原有承载能力;起到基土找平作用;方便放线定位,确保基础位置正确;避免钢筋受泥土的污染	C10~C15
基础 (图1-8~图1-13)	基础是设置在房屋建筑的底部,承受建筑物的全部荷载,并将荷载均匀地传递给地基的部位,它是房屋建筑的重要组成部分 基础按组成材料常分为毛石基础、砖基础、混凝土基础和钢筋混凝土基础等;按构造形式可分为条形基础、独立基础、满堂基础(包括筏板式基础和箱形基础等)和桩基础	C20~C30
后浇带、加强带	当地下室混凝土底板或墙长度超过30m时,为防止混凝土收缩开裂,在基础底板或墙体上一般每隔30m为一个施工段,人为地留设300~500mm宽的间隔将其断开。待两侧混凝土浇筑后2~3个月,且收缩基本完成后,再往间隔缝中浇筑混凝土,这部分混凝土称为防收缩后浇带。一般后浇带混凝土的强度等级及抗渗等级需比两侧混凝土各提高一个等级 为连续施工,将原后浇带改为加强带,加强带约2m宽,带内混凝土强度等级和抗渗等级均比带外提高一个等级;加强带内外混凝土可同时浇筑	C35P8
构造柱及圈梁 (图1-14)	在承重墙体采用砖砌体,楼盖和屋盖采用预制或现浇钢筋混凝土板的多层砖混结构中,为提高建筑物的整体性和抗震能力,在墙体拐角和每层楼板处分别加设构造柱和圈梁	C20~C30

（续）

名　称	作　用	强度等级
框架结构（图1-15）	框架结构是由纵梁、横梁和柱组成的结构，它比传统的砖混结构强度高、延性好、整体性好、抗震性能高。它一般适用于多层、小高层建筑，现浇结构不超过45m，14层左右	梁C20～C35 柱C30～C40
框架-剪力墙结构（图1-16）	在25层以上的高层房屋体系中，为提高建筑的抗震能力，增设了一部分剪力墙，墙柱共同承受建筑物上部传来的垂直荷载，以及风荷载和地震力引起的水平荷载	梁板C20～C35 柱C30～C50 墙C25～C50
剪力墙结构（图1-17）	剪力墙结构用于高度超过30层的建筑物，纵横向剪力墙及暗埋在墙体内的梁、柱承受垂直和水平荷载。这种结构的整体性、抗震性比框架结构及框架-剪力墙结构更高一些，但平面布置受墙体分隔限制，适用于民用住宅或公寓、旅馆等高层建筑。相关规范规定：在抗震设防烈度8度地区，现浇结构不超过100m	梁板C20～C35 墙C25～C60 或更高
其他零星构件	主要有楼梯、雨篷、阳台、女儿墙等	C20～C30

图1-7　施工中的地下室底板垫层　　图1-8　钢筋混凝土独立基础

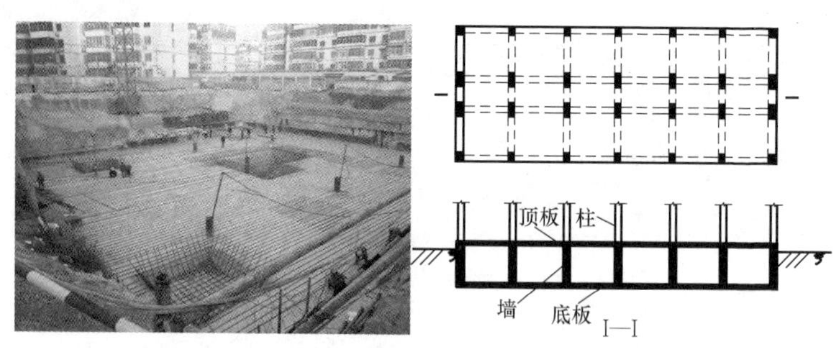

图 1-9　施工中的筏板式基础　　图 1-10　箱形基础示意图

图 1-11　施工中的箱形基础　　图 1-12　施工完的地梁

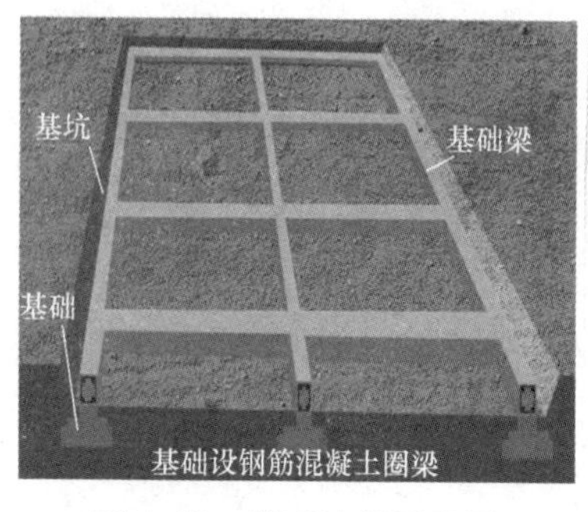

图 1-13　基础连梁示意图

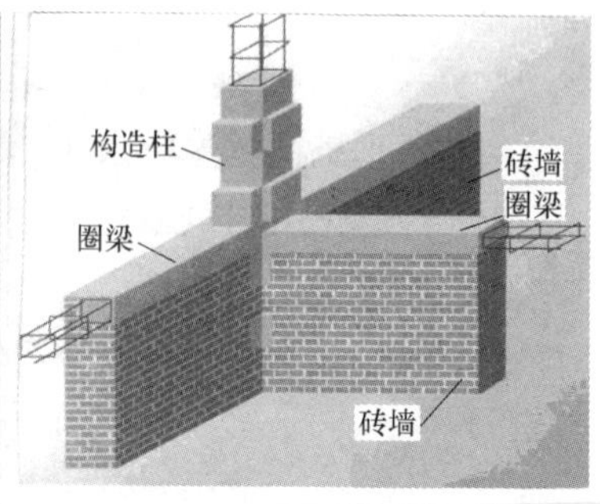

图 1-14　构造柱与圈梁连接示意图

图 1-15　框架结构内景

图 1-16　框架剪力墙结构

图 1-17　剪力墙结构内景

第二篇

泵机的分类与构造

本篇内容提要

各种泵机的构造和工作原理相同，泵车仅增加臂杆及旋转机构。因此，本篇参照目前最新泵机类型有关资料，以泵车为重点介绍了泵机各部位的构造和简要工作原理，以便泵车操作人员能正确掌握泵机操作、维护、保养有关知识。

第 2-1 问　什么是混凝土输送泵？其工作原理是什么？

混凝土输送泵又名混凝土泵，它能连续完成混凝土的垂直和水平运输，效率高，节省劳动力，目前已在国内外逐步得到推广。混凝土输送泵由泵体和输送管组成，是一种利用压力将混凝土沿管道连续输送的机械。

混凝土输送泵由电动机带动液压泵产生压力，驱动两个主液压缸，带动两个混凝土输送缸内的活塞产生交替往复运动。工作时，料斗内装满新拌的混凝土，两个泵送液压缸中的一个在液压系统的控制下活塞杆缩回，带动输送活塞回缩，吸入混凝土。与此同时，另一个泵送液压缸的活塞与输料活塞反向运动，将前一行程中吸入的混凝土通过混凝土分配阀打入输送管道。这两组动作交替进行，就连续不断地把混凝土输送出去。在此过程中，关键是要保证在吸入行程时，输送缸与料斗相通，而泵出行程时与输送管道相通。这一功能是由分配阀通过液压控制及驱动来完成的。

第 2-2 问　混凝土输送泵分为哪几类？

混凝土输送泵按用途分为拖式泵、车载泵和泵车三种类型，三者统称为泵机，如图 2-1 和图 2-2 所示。前两种泵主要用于混凝土泵送高度或水平距离较大的工程，泵送管道需要根据施工现场的具体情况进行铺设。泵车又称臂架泵，它是将混凝土泵送系统和用于布料的臂架系统集成在汽车底盘上的设备。泵送系统利用底盘发动机的动力，将料斗中的混凝土加压送到管道内，而管道附着在臂架上，操作人员控制臂架移动，将泵送系统泵出的混凝土直接输送到浇筑地点。泵车行动方便，泵送效率高，常用于基础、多层或小高层建筑浇筑混凝土，但当水平或垂直距离大时，受到臂杆长度的限制，不能使用泵车进行混凝土浇筑。

a）拖式泵

b）车载泵

图 2-1　拖式泵和车载泵

图 2-2　泵车

混凝土输送泵按其动力类型，可分为电动混凝土输送泵和柴油动力混凝土输送泵。电动混凝土输送泵需要施工现场配置电源，泵机工作效率及能力比较低，较少采用；大部分工程采用柴油动力混凝土输送泵。

混凝土输送泵按结构形式，可分为活塞式、挤压式和水压

隔膜式三种。活塞式混凝土泵是发展较早的一种，这种泵能达到很高的出口压力，输送距离远，易于控制，技术比较成熟，应用较为广泛。活塞式混凝土泵可分为单缸和双缸两种，其中双缸应用最广泛。

第2-3问　超高层施工采用什么样的拖式泵?

超高层建筑一般混凝土强度等级高，泵送阻力大，要求泵送设备稳定可靠，设备和管道耐磨损，寿命超长，因此普通泵送设备和工艺满足不了施工要求。

1. 一泵到顶法

一泵到顶法是指采用高压泵（常为双发动机）和管道将混凝土一次泵送到顶。这个方法对泵机和管道及泵送工艺要求较高。不同高度采用不同型号的泵，如1~12层采用低压泵；13~54层采用HBT60C—1416D泵，55~76层采用HBT80C—2118D泵。目前，我国三一重工研发了一整套超高层泵送设备和工艺，成功地完成了中国第一高楼——上海中心大厦（高度为620m）C100超高强度混凝土泵送任务。一泵到顶法具有以下特点：

1）设备可靠。采用两台超高压柴油拖式泵（HBT90CH—2150D）分别驱动两套泵组，应用双动力功率合流技术，平时两套泵组同时工作，当一组出故障时可切断该组，另一组仍维持50%的排量继续工作，避免施工过程中断造成损失。

2）采用超高层水洗技术。即用高压水直接水洗管道，并用高压水将管道中的混凝土压至施工现场，泵送多高，水洗多高。

3）独特研发高耐磨管道等易损件，使其寿命超长，减少施工现场泵送故障，确保泵送顺利进行、万无一失。

4）采用独特的管道布管工艺，求得最少的弯道，最小的泵送阻力。

2. 接力泵法

接力泵法是指用一台泵将混凝土泵送到事先放置于一定高度的另一台混凝土泵机料斗内，通过第二台泵将混凝土输送到目的地。这种方法的优点是对泵的要求不高，工程完工以后泵可用于其他工程。但要做好两台泵的协调工作，且要求楼板有相应的承载力。地泵泵送过程中，会产生强烈的振动，并需抵抗泵管内混凝土的巨大反压力，因此地泵的支腿要焊在一块钢板上，通过膨胀螺栓固定在楼板上。

第 2-4 问　农村建房采用什么样的泵?

随着农村建设的不断发展，近几年来，市场上相继出现了不少适用于农村建房的小型泵送设备。这些设备体积小，大多数集搅拌、泵送为一体，适用范围广，价格比较便宜，已在农村逐渐得到推广应用。图 2-3 和图 2-4 所示分别为车载式搅拌泵和强制式搅拌拖泵。

图 2-3　车载式搅拌泵

图 2-4　强制式搅拌拖泵

第 2-5 问　泵送系统由哪些部分组成?

泵送系统是混凝土泵的核心部分，用于将混凝土沿输送管道连续输送到浇筑地点。泵送系统主要由料斗、分配阀（以S阀为代表）、输送缸、洗涤室、主液压缸组成，俗称泵送系统“五大件”，如图 2-5 所示。

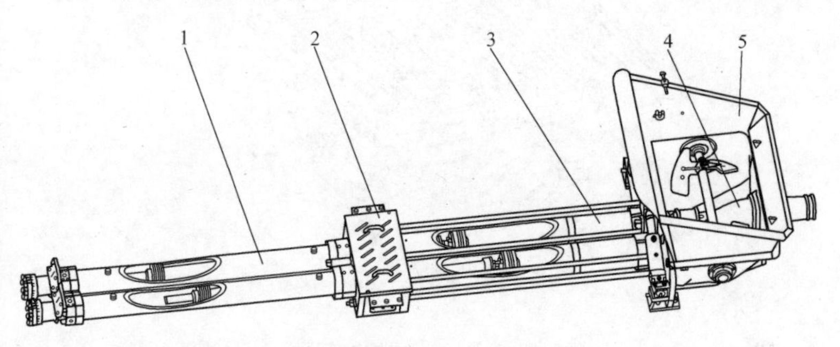

图 2-5　泵送系统“五大件”简图

1—主液压缸　2—洗涤室　3—输送缸　4—分配阀（S阀）　5—料斗

第 2-6 问　料斗由哪些部分组成?

料斗主要用于储存混凝土，保证泵送系统正常喂料，泵送时不会吸空。料斗主要由下斗体、上斗体、搅拌机构、筛网、安全保护开关及料门等组成，如图 2-6 所示。料斗由钢板焊接制成，下斗体钢壁板较厚，主要连接和固定搅拌机构、分配阀（S阀）、摇摆机构等构件，整个输送操作机构基本都设在下斗体内。下斗体内腔呈流线型，无积料死角，方便清洗。上斗体钢板较薄，前低后高便于搅拌车卸料，可防止混凝土溢出，上部设有筛网，一侧焊有铰链，可向上翻起，并设有安全保护开关。筛网翻起一定角度后会触发保护开关，从而强制停止泵送与搅拌。筛网也起到防止大粒骨料或杂物进入料斗，减少管路堵塞等作用。

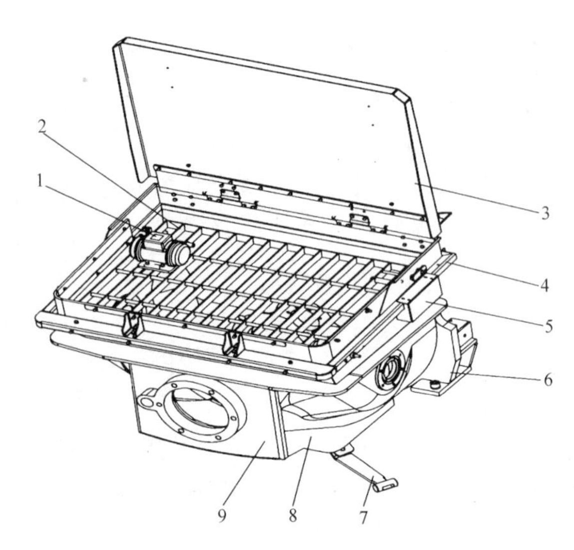

图 2-6　料斗结构简图

1—振动器　2—筛网　3—料斗盖板　4—上斗体　5—安全保护开关
6—后墙板　7—料门　8—下斗体　9—前墙板

上斗体还设有料斗盖板，用于防止泵送时混凝土飞溅。

第 2-7 问　搅拌机构由哪些部分组成？它的作用是什么？

搅拌机构包括端盖、轴承座、搅拌叶片、搅拌轴、液压马达座、液压马达、搅拌轴承及密封件等，如图 2-7 所示。为防止混凝土浆进入搅拌轴承，轴承均装有防尘圈和密封圈。工作时，由液压马达直接驱动搅拌轴，带动搅拌叶片进行搅拌。

搅拌机构的作用主要是对料斗里的混凝土进行二次搅拌，防止离析，并在泵送时起喂料作用。

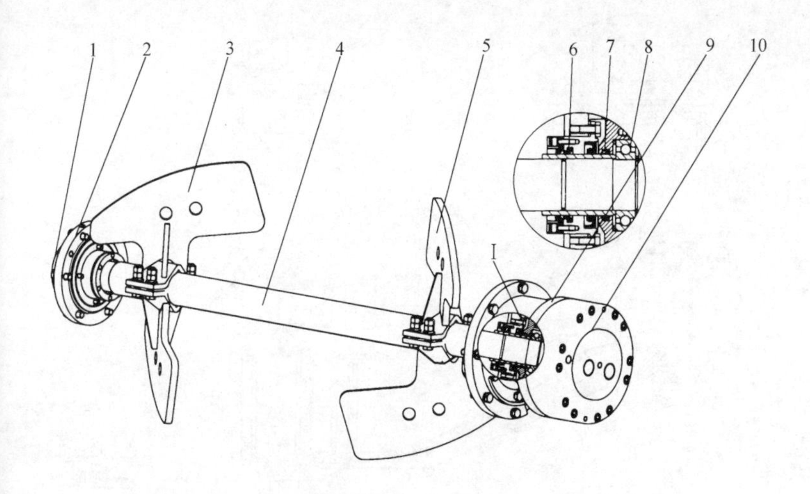

图 2-7　搅拌机构示意图

1—端盖　2—轴承座　3—左搅拌叶片　4—搅拌轴　5—右搅拌叶片　6—J 形防尘圈　7—密封圈　8—轴承　9—液压马达座　10—液压马达

第 2-8 问　分配阀有哪几种形式？

分配阀是泵送系统中的关键部件，直接影响泵送系统的性能。分配阀有 S 阀、闸板阀、裙阀、C 形阀（象鼻阀）、T 形阀等。目前常用的分配阀是 S 阀和闸板阀，其中 S 阀是现在应用最广泛的分配阀形式。

S 阀主要由 S 管焊接体、大小轴承座、异形螺母、过渡套、眼镜板、切割环、橡胶弹簧和密封件等组成，如图 2-8 所示。

S 阀安装在料斗下斗体内，连通输送缸和输送管，通过摇摆机构的单摆式摆动，顺次交替将输送管与两输送缸分别连通。其换向次数与输送缸中混凝土活塞的往复运动次数协调一致，以保证混凝土能够被连续送入输送管道。

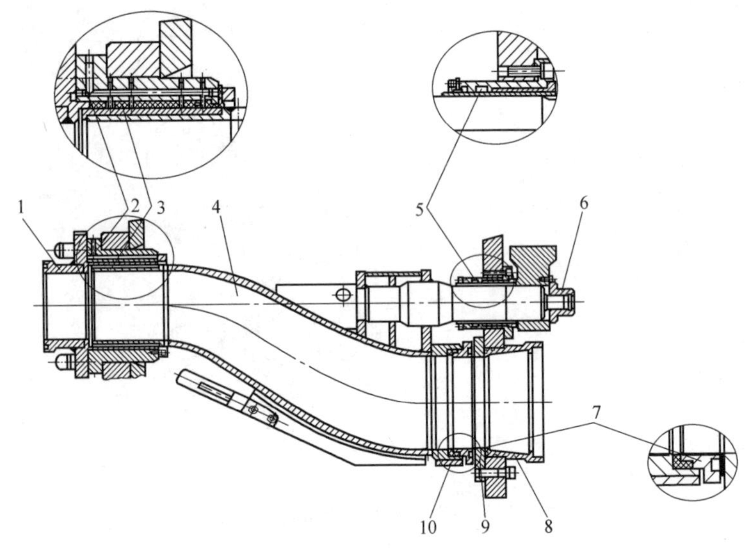

图 2-8　S 阀结构简图

1—出料口　2—大轴承座　3—密封件　4—S 管焊接体　5—小轴承座　6—异形螺母　7—切割环　8—过渡套　9—眼镜板　10—橡胶弹簧

S 阀最大的优点在于，它能通过压力自平衡和橡胶弹簧自动补偿间隙，使浮动的切割环具有自密封作用，保持了较大的输出压力。其缺点是体积大，占用料斗空间，受限于 S 阀的形状，不能从料斗底部吸料，影响了吸料性能；S 阀使用的弯管多为变径形式，致使流道阻力大。

第 2-9 问　什么是切割环和眼镜板？它们设置在什么部位？起什么作用？

切割环和眼镜板（图 2-9）是 S 阀中的重要组件。它们安装于和 S 阀连通的输送管与两输送缸接口处，如图 2-8 所示。由于切割环与眼镜板耦合在一起，在不断相对运动过程中极易

产生磨损，因此制作时都采用硬质合金材料（具有超强的硬度和耐磨性）。其中，眼镜板由硬质合金环和眼镜板本体两部分组成，如图 2-9 所示。

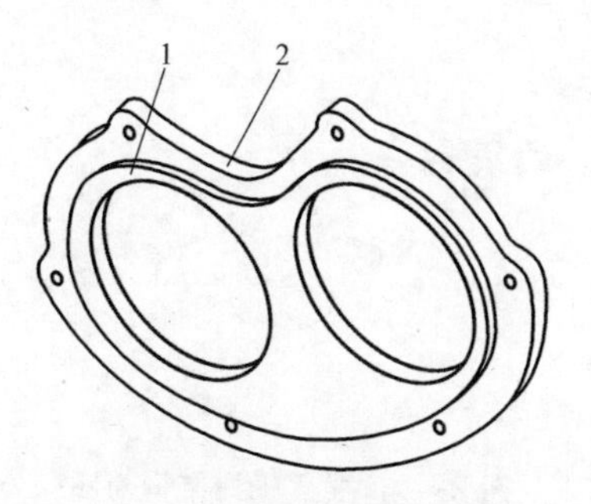

图 2-9　眼镜板结构简图

1—硬质合金环　2—眼镜板本体

第 2-10 问　S 阀中橡胶弹簧的作用和自动补偿间隙原理是什么？

S 阀中橡胶弹簧的作用是使浮动的切割环具有自密封作用，从而起到自动补偿间隙的作用。其原理是：在异形螺母预紧力的作用下，橡胶弹簧受压，使切割环与眼镜板紧密贴合，由于切割环与眼镜板属于相对运动耦合件，产生磨损后，橡胶弹簧可依靠自身的弹性变形来补偿眼镜板与切割环的磨损量，从而消除磨损产生的间隙。

第 2-11 问　S 阀摇摆机构由哪些部分组成？它的工作原理与作用是什么？

S 阀摇摆机构主要由摆阀液压缸固定座、左右摆阀液压缸、摇臂和摆阀液压缸卡板等部分组成，如图 2-10 所示。其工作原理是，在液压油的作用下，推动左、右摆阀液压缸的活塞杆，活塞杆驱动摇臂，由摇臂带动 S 阀左右摆动，从而实现 S 阀的换向。

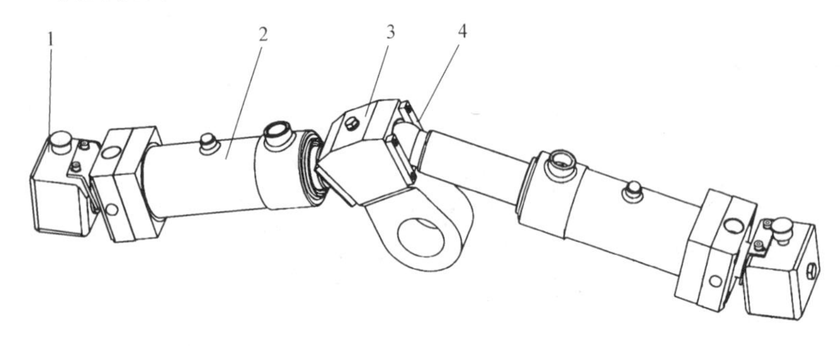

图 2-10　摇摆机构结构简图

1—摆阀液压缸固定座　2—摆阀液压缸　3—摇臂　4—摆阀液压缸卡板

第 2-12 问　输送缸设置在泵送系统中的什么位置？起何作用？

输送缸是泵送系统的“五大件”之一，是影响混凝土输送的关键部件。输送缸前端与料斗连接，后端与洗涤室相连，通过拉杆固定在料斗与洗涤室之间（图 2-5）。混凝土活塞置于输送缸内，活塞杆与后端主液压缸活塞杆相连接，由主液压缸活塞杆推动输送缸内活塞做往返运动，从而将混凝土连续输入混凝土经过输送管路至浇筑地点。因而，输送缸是通过活塞的往返运动，使混凝土吸入和输出的重要通道。由于输送缸与混凝土和水长期接触，承受高压混凝土的摩擦与化学腐蚀，故一般采用无缝钢管，内壁镀硬铬耐磨防腐层。

第 2-13 问　什么是洗涤室？它设在什么部位？其作用是什么？

洗涤室是泵送系统的重要组成部分，是泵送系统“五大

件”之一。洗涤室又称水箱，它既是储水容器，又是主液压缸与输送缸的支撑连接件，因此，其设置于两者缸体之间（图2-5）。洗涤室上有盖板，打开后可清洗内部、观测水位或水质状况；其下部有排污放水口，侧面开有安装孔，如图2-11所示。水进入输送缸中混凝土活塞的后部，随着输送缸活塞来回流动。

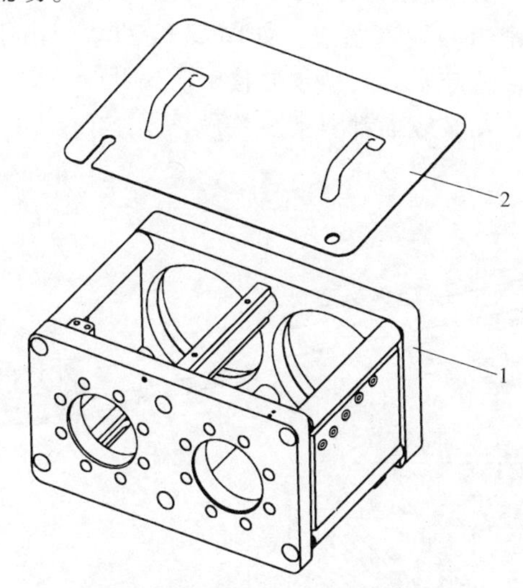

图2-11　洗涤室结构简图
1—洗涤室　2—洗涤室盖板

洗涤室的主要作用如下：

（1）清洗作用　清洗输送缸内每次推送后的残余物，以减少输送缸体与混凝土活塞的磨损。

（2）连接安装作用　连接输送缸和主液压缸，并通过挂板或销轴将泵送系统安装在副梁上。

（3）冷却润滑作用　冷却润滑混凝土活塞、活塞杆及活塞杆密封部位。

第 2-14 问　主液压缸由哪些部件组成？其主要作用是什么？

主液压缸是泵送系统的“五大件”之一，它是泵送系统的重要组成部分，是推动输送缸混凝土活塞往复运动的动力。主液压缸由压盖、液压缸缸体、活塞杆、液压缸活塞、限位液压缸及防水密封装置等组成，如图 2-12 所示。由于活塞杆不仅与油接触，还与水等其他物质接触，因此为改善活塞杆的耐磨和耐蚀性，在其表面都要镀一层硬铬。

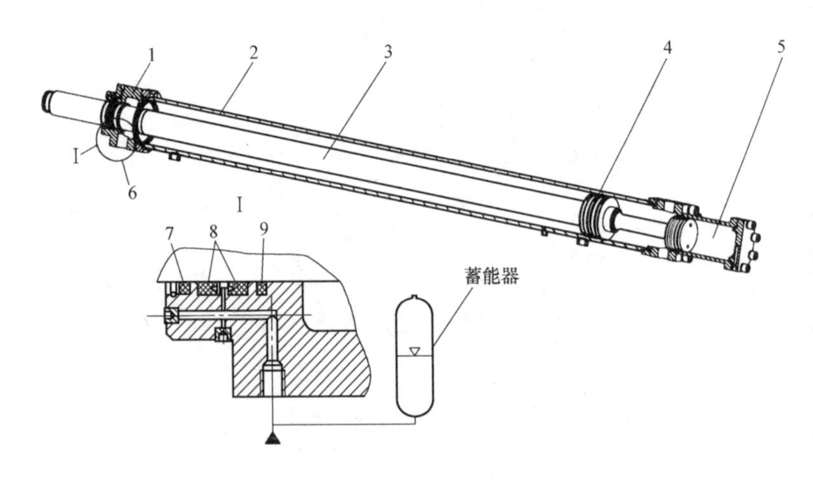

图 2-12　主液压缸结构简图

1—压盖　2—液压缸缸体　3—活塞杆　4—液压缸活塞　5—限位液压缸　6—防水密封装置　7—防尘圈　8—唇形密封圈　9—组合密封圈

第 2-15 问　主液压缸的限位液压缸和防水密封装置的作用是什么？

1. 限位液压缸的作用

1）在正常泵送时，用于防止混凝土活塞退入洗涤室中。

2）在维修或检查混凝土活塞时，限位液压缸腔卸压，将混凝土活塞退回洗涤室中。

2. 防水密封装置的作用

防水密封装置的作用是有效地刮去活塞杆上的水膜，防止活塞杆上的水侵入液压系统，使液压油乳化变质。其原理是在防尘圈 7 与液压缸组合密封圈 9 中间增加一组唇形密封圈 8，将两个密封圈中的空腔接通蓄能器或高压油，高压油在唇形密封圈的唇边产生抱紧力，这种抱紧力远大于密封圈本身的弹性力，因而可以刮去活塞杆上的水膜。

第 2-16 问　什么是液压双缸活塞式混凝土泵？

液压双缸活塞式混凝土泵有两个主液压缸，两缸交替工作，使混凝土的输送比较平稳、连续，而且排量大，充分发挥了原动机的功率，是目前应用最广泛的混凝土泵形式。下面以 S 阀混凝土泵为例说明其工作原理，泵送系统结构如图 2-13 所示。

混凝土活塞 6、7 分别与主液压缸 1、2 的活塞杆连接，在主液压缸作用下，同时做往复运动，一缸前进，另一缸后退。输送缸出口与料斗和 S 阀连通，S 阀出料端接出料口；另一端与摇摆机构的摆臂连接，在摇摆机构摆动液压缸的作用下可以左右摆动。

泵送混凝土时，混凝土活塞 7 前进时，活塞 6 后退；同时在摆动液压缸作用下，S 阀 9 与输送缸 5 连通，输送缸 4 与料斗 11 连通。这样活塞 6 后退时，便将料斗内的混凝土吸入输送缸内，而与此同时活塞 7 前进，将输送缸内的混凝土料压入出料口泵出。

当活塞 6 退至行程终端时，控制系统发出信号，主液压缸

1、2换向，同时摆动液压缸换向，使S阀9与输送缸4连通，输送缸5与料斗连通，这时混凝土活塞7后退，活塞6前进。依此循环，从而实现连续泵送。

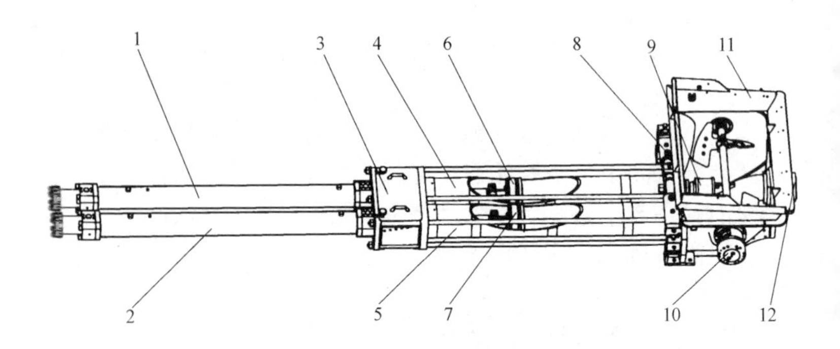

图2-13　泵送系统结构及工作行程示意图

1、2—主液压缸　3—洗涤室　4、5—输送缸　6、7—混凝土活塞　8—摇摆机构　9—分配阀（S阀）　10—搅拌机构　11—料斗　12—出料口

第2-17问　双缸活塞式泵反泵时的工作过程是怎样的?

S阀混凝土泵实施反泵时，通过反泵操作，使处在吸入行程的输送缸与S阀连通，使处在推送行程的输送缸与料斗连通，从而将管道中的混凝土抽回料斗中，如图2-14所示。

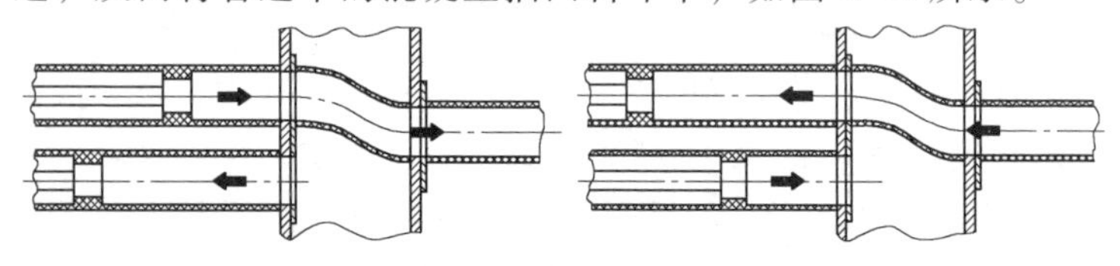

a）正泵状态　　b）反泵状态

图2-14　泵送系统工作状态简图

第 2-18 问　泵车由哪些部分组成?

泵车结构大致分为底盘、臂架系统、泵送系统、液压系统及电控系统五个组成部分，如图 2-15 所示。

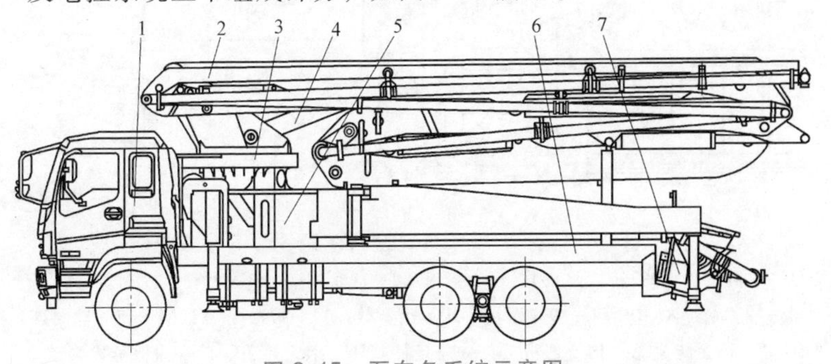

图 2-15　泵车各系统示意图

1—底盘　2—臂架系统　3—转塔　4—液压系统　5—电气系统　6—底架　7—泵送系统

第 2-19 问　泵车的泵送系统包括哪些部分?

泵送系统是混凝土泵车的执行机构，用于将混凝土沿输送管道连续输送到浇筑现场。泵送系统包括料斗总成、泵送机构、输送管道和润滑系统。

泵送机构的结构如图 2-16 所示，它主要由输送缸、主液压缸、混凝土密封体组件、洗涤室、拉杆等零部件组成。

1. 输送缸

输送缸属易损件，是输送混凝土的主要部件。其内部有一层镀铬层，提高了输送缸的耐磨性。输送缸磨损一般表现为输送缸拉伤，此类故障的产生一般是因为没有及时更换混凝土密封体；另外，输送缸镀铬层掉铬也会造成输送缸磨损。

2. 主液压缸

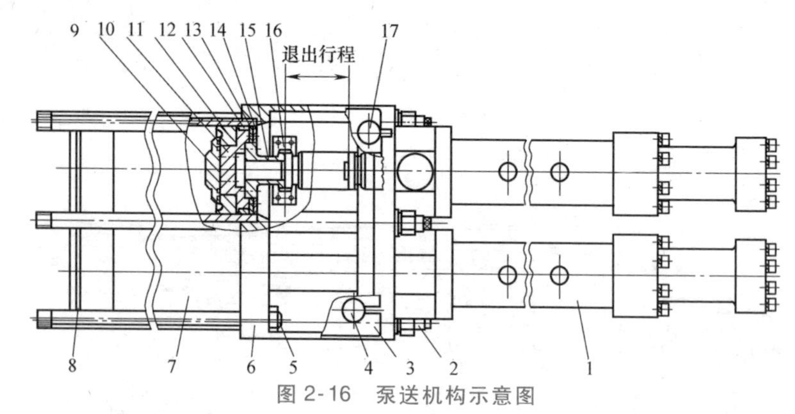

图 2-16　泵送机构示意图

1—主液压缸　2—拉杆（一）　3—盖板　4—放水螺塞　5—拉杆（二）　6—水箱　7—输送缸　8—O 形圈　9—压板　10—活塞体　11—混凝土密封体　12—导向环　13—防尘圈　14—挡板　15—连接杆　16—卡式接头　17—盖板螺栓

主液压缸是关键部件，其结构比较复杂，日常主要是检查其有无漏油现象。

3. 洗涤室

洗涤室是对混凝土密封体起保护、冷却作用的结构。泵送时，必须在洗涤室中加满清洁的水，对混凝土密封体起清洗、冷却和润滑作用。洗涤室的水温过高时，混凝土聚氨酯会发生水解，使水混浊，因此要时常检查，发现水温过高时，要及时换水降温。当洗涤室的水极其混浊或砂浆漏出时，必须更换防尘圈。如有小方量必须完工，则必须保证洗涤室内有长流水进行冲洗。

4. 密封体组件

混凝土密封体组件包括混凝土密封体、导向环和防尘圈等，如图 2-17a、b 所示，它们属易损件。混凝土密封体主要起密封作用，可防止混凝土及砂浆进入洗涤室；导向环主要起导向作用；防尘圈的作用是防止洗涤室的脏物进入混凝土密封体组件。混凝土密封体的使用寿命约为泵送 4000m^3 混凝土。

密封体损坏后，长时间不更换会造成输送缸拉伤、液压系统漏油，严重时水泥浆会进入液压系统污染液压油，从而造成恒压泵损坏，液压系统故障增多。

a) 防尘圈

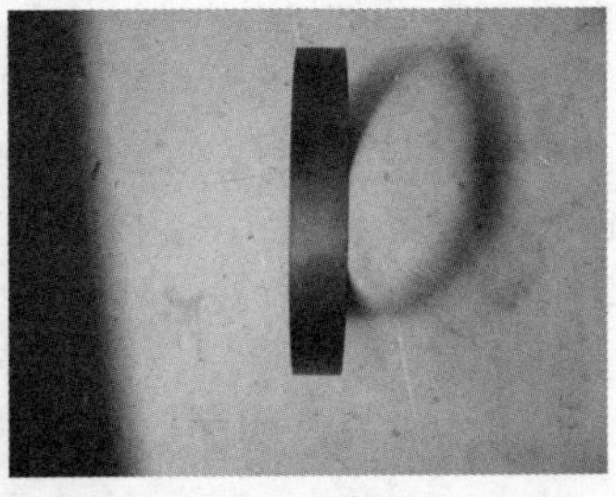
b) 导向环

图 2-17　防尘圈和导向环

第 2-20 问　料斗总成由哪几部分组成?

料斗总成结构如图 2-18 所示，它主要由料斗、S 阀总成、摆摇机构、搅拌机构等组成。

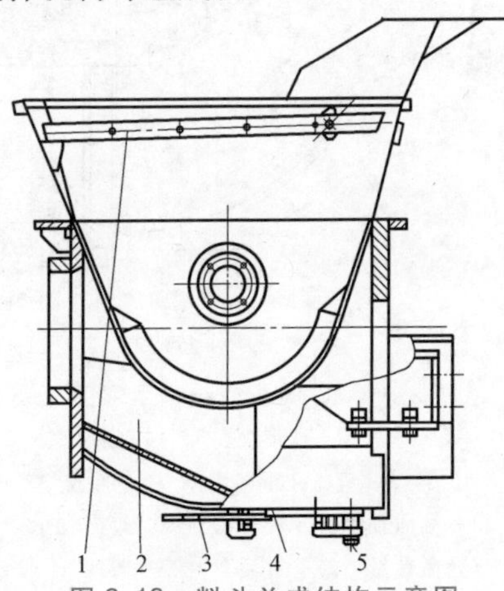

图 2-18　料斗总成结构示意图

1—筛网　2—斗身　3—料门板　4—O 形圈　5—小轴

1. 料斗

料斗主要由筛网、斗身、料门板、O形圈、小轴等零部件组成。料斗上有多个安装孔，用来安装S阀总成、搅拌机构、摆摇机构等部件。

料斗主要用于储存一定量的混凝土，保证泵送系统吸料时不会吸空，从而实现连续泵送。通过筛网可以防止大于规定尺寸的骨料、杂物进入料斗内。在停止泵送时，打开底部料门，可以排出余料和清洗料斗。

2. S阀总成

S阀总成的结构如图2-19所示。它主要由S管、眼镜板、

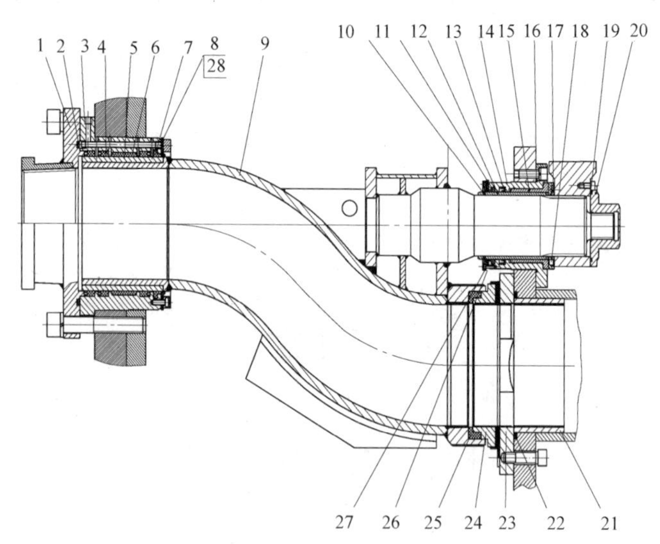

图2-19　S阀总成结构示意图

1—出料口　2、10、16、19、22—O形圈　3、14—轴承座　4—Yx型密封圈　5—耐磨套　6—尼龙轴承　7—J形防尘圈　8—橡胶垫　9—S管总成　11—防尘圈　12—端面轴承套　13—密封圈　15—轴承　17—内花键　18—销　20—异形螺母　21—过渡套　23—眼镜板　24—切割环　25—橡胶弹簧　26—橡胶垫　27、28—压板

切割环、大轴承座、小轴承座、大耐磨套、小耐磨套、过渡套、出料口、密封圈、异形螺母、内花键、尼龙轴及轴承等部件组成。

S阀总成通过S管的摆动来达到吸入和排出混凝土的目的，它具有二位（吸料和排料）四通（通料斗、两个混凝土输送缸、输送管）机能。S管置于料斗中，其本身即是输送管的一部分，它的一端与输送管接通，另一端可以摆动。泵送时，其管口与两个输送缸的缸口交替接通，对准哪一个缸口，哪一个缸就向管道内排料，同时另一个缸从料斗内吸料。

S阀的工作过程：S阀是在摆摇机构的操纵下，以“上轴线”为轴心左右摆动，使切割环的孔对准眼镜板的排料孔，使左、右输送缸泵送出的混凝土进入S阀而送到输料管内。

3. 眼镜板和切割环

眼镜板和切割环是两个相对运动的组合件，如图2-20a、b所示。在摆摇机构的操纵下，切割环的孔对准眼镜板的排料孔，使左、右输送缸泵送出的混凝土进入S阀而送到输料管内。

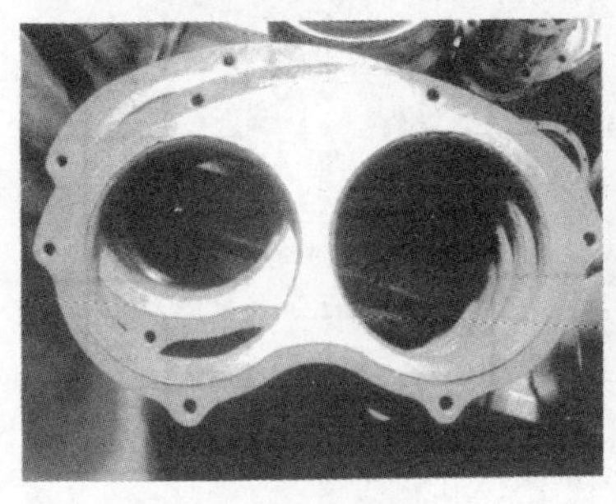

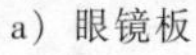

a）眼镜板

b）切割环

图2-20　眼镜板和切割环

眼镜板与切割环按材质可分为硬质合金和堆焊两种，材质为硬质合金的使用寿命长，明显高于堆焊的眼镜板和切割环。

切割环的使用寿命较短，当经常发生堵管现象时，可能是切割环磨损严重所致，需予以更换；眼镜板的硬质合金大面积掉落时应更换。装配切割环时应注意，必须使橡胶弹簧受力，否则易造成堵管，严重时切割环会掉入料斗而损坏其他部件。

4. 搅拌机构

搅拌机构的结构如图2-21所示，它主要由轴承座、O形圈、轴端压板、轴承、轴套、搅拌叶片、搅拌轴、液压马达、压环等零部件组成。

搅拌机构用于对料斗中的混凝土进行再次搅拌，以防止混凝土泌水离析和坍落度损失，保证其可泵性。

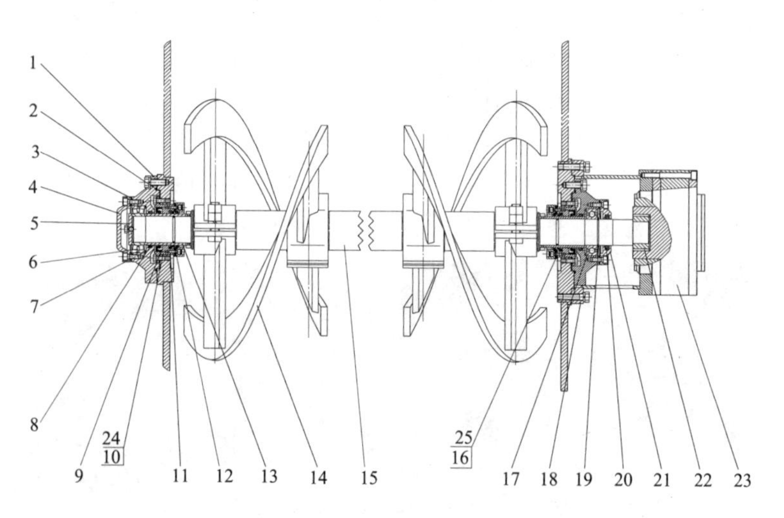

图2-21 搅拌机构结构示意图

1—轴承座 2、12—O形圈 3、24—密封垫 4—端盖 5—轴端压板 6—轴承 7—垫环 8—密封圈 9—骨架唇形密封 10—密封盖 11—防尘圈 13—轴套 14—搅拌叶片 15—搅拌轴 16—密封挡圈 17—轴承 18—马达座 19—挡圈 20—毡圈 21—密封端盖 22—花键套 23—液压马达 25—压环

5. 摆摇机构

摆摇机构主要由液压缸座、承力板、油杯、球面轴承、限位挡板、摇臂、球头挡板、摆阀液压缸等部件组成，如图 2-22 所示。

摆摇机构的用途：摆阀液压缸通过液压系统的控制，保持主液压缸的顺序动作，驱动摇臂，从而带动 S 管，使 S 管与主液压缸协调动作，保证 S 管的切割环口与泵送混凝土的输送缸对准。

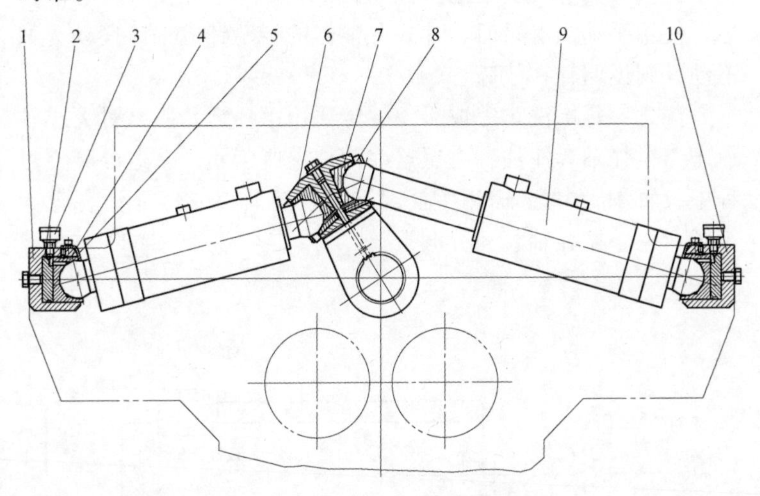

图 2-22　摆摇机构结构示意图

1—左液压缸座　2—承力板　3—油杯　4—下球面轴承　5—限位挡板
6—摇臂　7—上球面轴承　8—球头挡板　9—摆阀液压缸　10—右液压缸座

第 2-21 问　润滑系统主要由哪些部分组成？其主要润滑点有哪些？需要注意什么？

自动润滑系统原理图如图 2-23 所示。该润滑系统综合了双线润滑系统和递进式润滑系统的优点，能分别用润滑脂和液压油进行润滑。它由手动润滑泵、干油过滤器、单向四通阀、递进式分配阀、双线润滑中心和管道组成，对搅拌轴承、S管大小轴承、输送缸内的混凝土活塞润滑点进行润滑。

手动润滑泵每行程给油量为2mL，储油量为1.5L，最大工作压力为30MPa；夏季用非极压型“00”号半流体锂基润滑脂，冬季用非极压型“000”号半流体锂基润滑脂。如果冬季用“00”号半流体锂基润滑脂，则容易造成手动润滑泵损坏。使用手动润滑泵时，片式分油器的指示针应来回摆动，如不动，则说明存在故障。

注意：每次洗车完成后，一定要用手摇锂基脂泵对大小轴承座、搅拌轴套注油，直至这些部位出脂为止。泵送混凝土过程中，每1h左右，需用手摇锂基脂泵润油10~15下，保证大小轴承座、搅拌轴套充分润滑。

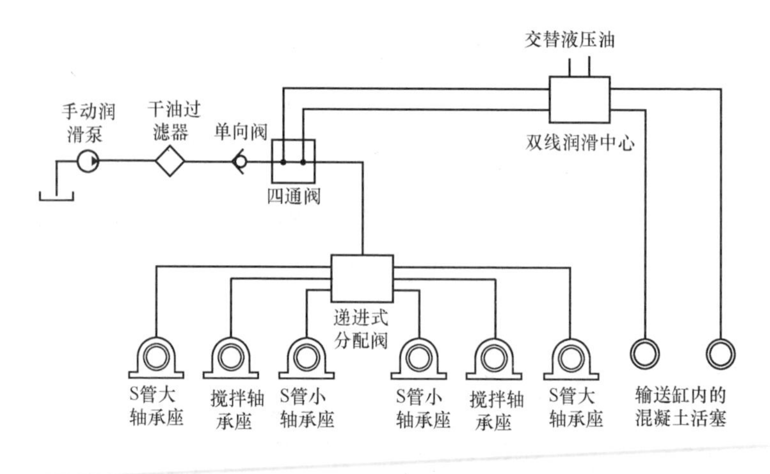

图2-23　自动润滑系统原理图

第 2-22 问　泵车输送管由哪些部件组成？其用途有哪些？使用中应注意什么？

输送管附在布料杆的臂侧，其长度与臂长相配，各臂中部为一节节直管，而各臂两端头各为一个 90°弯管。两管之间可相互旋转，两节相连臂架端头的 90°弯管绕两臂架铰接轴轴线旋转，即可实现输送管随臂架转动而转动。两输送管与管夹间的连接结构如图 2-24 所示。

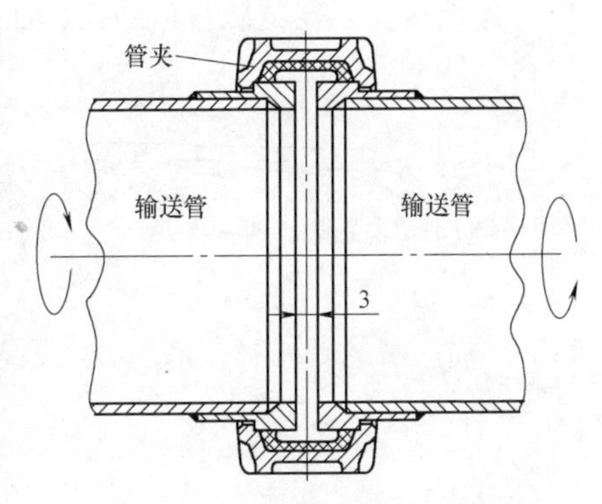

图 2-24　输送管与管夹间的连接结构

输送管的用途：泵送时，混凝土随臂架布料杆直接输送至工程浇灌地点。由于各管安装位置不同，各输送管受到的冲击和磨损也不同，一般弯管比直管磨损大，越往臂顶端走，输送管磨损越小。但也有例外，如倒数第二根弯管的磨损最大，因为它除受到一般的磨损外，还受到混凝土下落时的重力冲击。因此，各输送管应根据磨损大小，采用不同的壁厚或耐磨材料，尽量使整套输送管的寿命趋于一致。

输送管支撑在布料杆上，其重量、冲击和偏心力矩都由布料杆承受，原则上在保证一定输送直径、强度和磨损量的基础上，应尽量减轻其重量。由于输送管的重量是布料杆载荷的一部分，因此，不得随意增加泵管壁厚和外径，以避免增加布料杆的承重力，破坏泵车的稳定性。

第2-23问 泵车臂架系统由哪些部分组成？它的主要作用是什么？

泵车臂架系统是由布料杆和转塔组成的。臂架系统的主要作用是在泵车工作时完成混凝土的输送和布料工作，并支撑整车，保证其稳定性。

臂架系统安装在汽车底盘上，行驶时，其载荷压在汽车底盘上；泵送时，整个泵车（包括底盘、泵送系统和臂架系统自身）的载荷由四条支腿传给地面，如图2-25所示。

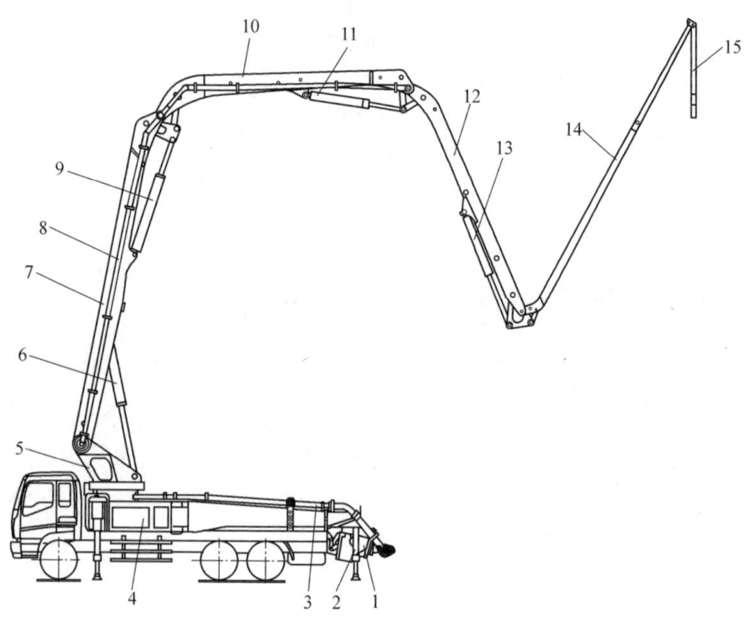

图2-25 泵车臂架系统示意图

1—泵送系统 2—支腿 3—配管总成 4—固定转塔 5—转台 6—1号臂架液压缸 7—臂架1 8—壁架输送管 9—2号臂架液压缸 10—臂架2 11—3号臂架液压缸 12—臂架3 13—4号臂架液压缸 14—臂架 15—末端软管

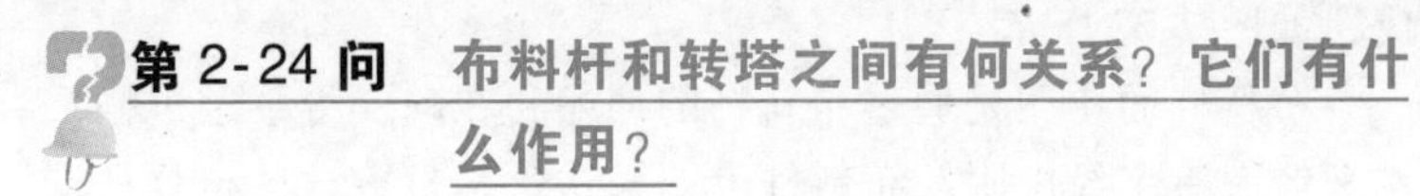

第 2-24 问　布料杆和转塔之间有何关系？它们有什么作用？

布料杆安装在转塔上，如图 2-26 所示。整个布料杆可以在这个底座上旋转 360°，每节臂架还能绕各自的轴旋转。它们的共同作用，就是将泵送来的混凝土安全、可靠地输送、摊铺到工作范围内的任意位置，确保没有布料死角。

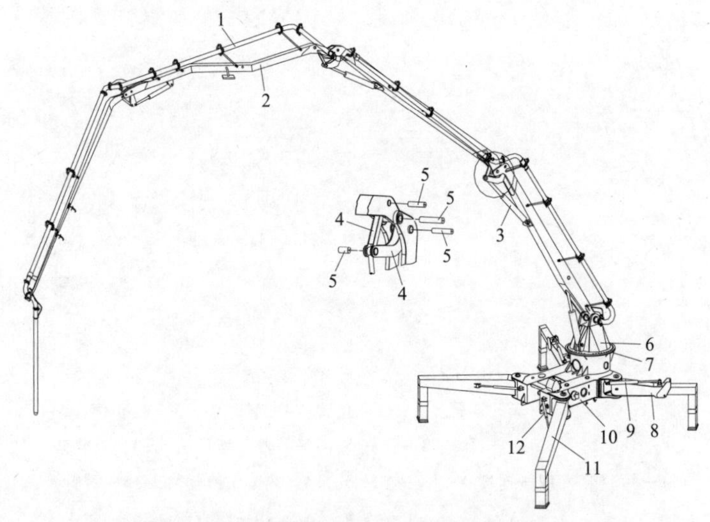

图 2-26　泵车臂架系统与转塔结构示意图

1—输送管　2—臂架　3—臂架液压缸　4—连杆　5—铰接轴
6—转台　7—回转机构　8—前支架　9—前支腿展开液压缸
10—固定转塔　11—后支腿　12—后支腿展开液压缸

第 2-25 问　布料杆由哪些部件组成？它的作用是什么？

布料杆由多节臂架、连杆、液压缸、连接件和输送管等组成，如图 2-27 所示。

布料杆的作用是通过布料杆的伸缩和转动，将泵送机构泵送来的混凝土经由附在布料杆上的输送管，直接送达布料杆端所指位置，即浇筑点，实现混凝土的输送和布料。

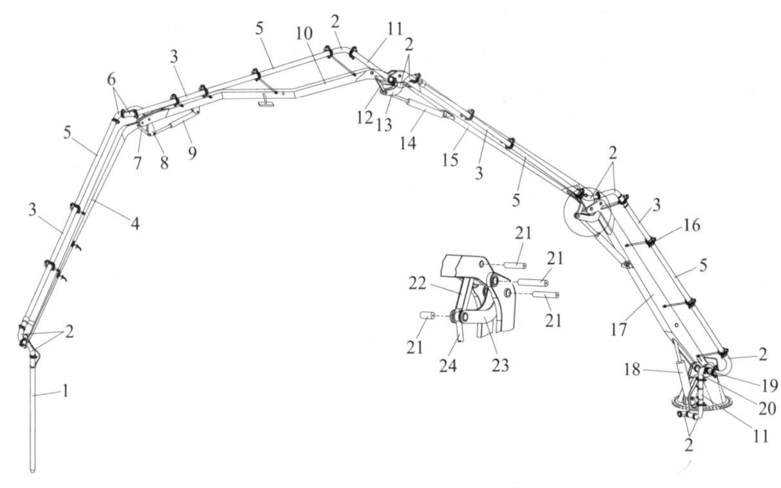

图 2-27　布料杆结构示意图

1—软管　2—260°弯管　3—非标直管　4—4#臂架　5—标准直管　6—180°弯管　7—连杆 6　8—连杆 5　9—4#臂架液压缸　10—3#臂架　11—短直管　12—连杆 4　13—连杆 3　14—3#臂架液压缸　15—2#臂架　16—管夹　17—1#臂架　18—1#臂架液压缸　19—弯直管　20—45°弯管　21—铰接轴　22—连杆 2　23—连杆 1　24—2#臂架液压缸

第 2-26 问　臂架折叠形式有哪几种？各有什么特点？

根据各臂架间转动方向和顺序的不同，臂架常用的折叠形式有三种：R 型、Z 型（或称 M 型）和 RZ 综合型，如图 2-28 所示，各种折叠形式各有所长。R 型结构紧凑；Z 型臂架在打

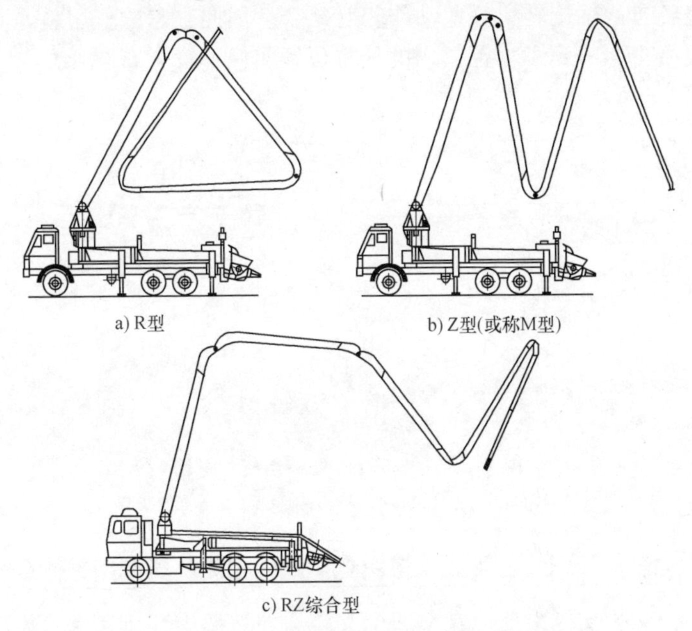

图 2-28　常用臂架的折叠形式图示

开和折叠时动作迅速；综合型则具有两者的优点。由于 Z 型折叠臂架打开空间更低，而 R 型折叠臂架结构布局更紧凑等，这三种折叠形式均被广泛采用。

第 2-27 问　转塔由哪些部件组成？它的作用是什么？

转塔是泵车工作时布料杆、泵送系统和底盘的机座，它由转台、回转机构、固定转塔（连接架）和支腿支撑组成，如图 2-29 所示。

它的上部转台连着布料臂架，承压在回转机构上，工作时，四个支腿支撑在地面上，为臂架提供一个稳固的底座，整个臂架安装在转台上，可以随转台旋转 365°。每节臂架还能绕各自的轴旋转，这些动作相互组合。因此，它的作用就是将混凝土布料到工作范围内的任意位置，保证没有布料死角。

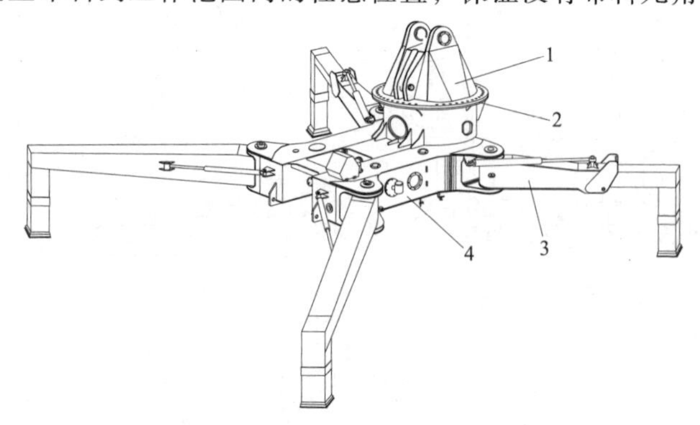

图 2-29　泵车转塔结构组成示意图

1—转台　2—回转机构　3—右前支腿　4—支腿支撑

第 2-28 问　支腿支撑由哪些部件组成？其作用是什么？

支腿支撑由前后左右四个支腿、伸展液压缸与支撑液压缸组成，如图 2-30 所示。它的作用是将整车稳定地支撑在地面

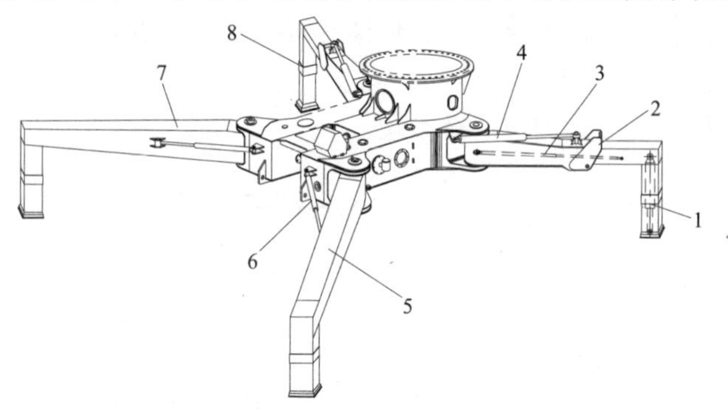

图 2-30　泵车支腿支撑示意图

1—支撑液压缸　2—右前支腿　3—前支腿伸缩液压缸　4—前支腿展开液压缸　5—右后支腿　6—后支腿展开液压缸　7—左后支腿　8—左前支腿

上，直接承受整车的负载力矩和重量。

支撑时要注意：在工作状态下，支腿应支撑在有足够强度的地面上或经计算符合要求的枕木垫板上，且整车各个方向应保持水平，倾斜度不超过 3°，为方便检查，在泵车左右两侧各装有一个水平仪来辨别倾斜度。

日常保养：每半个月左右，对各臂架、支腿及底盘各注油点加注润滑脂；每 500h 左右，更换旋转马达的润滑油。

第 2-29 问　泵车液压系统由哪些部分组成？

混凝土输送泵一般依靠液压来驱动，因而液压系统是混凝土泵机的重要组成部分。泵车液压系统由泵送液压系统与臂架液压系统两部分组成。

第 2-30 问　什么是液压元件？它包含哪些部件？

液压元件是在液压系统中不可缺少的部件。液压元件包括液压油、液压油箱、高压过滤器、压力表、蓄能器等。

1. 液压油

液压油型号有矿物液压油（HLP46#）、合成酯降解液压油（HLP-E46#）、抗燃液压油（HFC46）、抗磨液压油（VG46）等。注意：不同型号、不同品牌的液压油不得混合使用。

液压油的最佳工作温度为 55℃，最低工作温度为 15℃，所以如环境温度低于 15℃，则必须对液压油进行预热。液压油预热可以分为怠速预热和功能预热两种，前者预热时主系统压力低、预热速度慢，后者预热时主系统压力高、预热速度快。在环境温度较高的情况下，可加注 HLP68#液压油，以提高其黏度等级。

液压油的维护：定期对液压油进行排水及排污，最好一个月左右利用加油机对液压油进行过滤，以保证液压油清洁；每半年左右必须更换一次液压油，并对液压油箱进行清理和更换液压油滤芯。

2. 液压油箱

液压油箱是存储洁净液压油的箱体，因此，要求油箱高度清洁。不得随便揭开液压油箱上盖，以防杂质混入液压油中。为方便工作中确保油箱清洁，液压油箱中装有下列元件（图 2-31）。

1）空气过滤器：用于防止外界杂物混入，并有滤清空气的作用。

2）油位计：用于观察油箱中油液的多少，工作时其油位必须位于油位计中偏上位置。

3）温度计：用于观察液压油的温度。

4）排污阀：用于排出液压油中的水和杂质。

3. 高压过滤器

常用高压过滤器一般有两种：一种是贺德克过滤器，另一种为派克过滤器。

确定过滤器工作状态的方法如下：

1）贺德克过滤器上的圆形标志为绿色标志时，说明其工作正常，没有堵塞；当圆形标志为红色标志时，说明滤芯堵塞严重，不能继续工作，必须更换滤芯。目前普遍采用此类过滤器。

2）派克过滤器上的菱形指针指向绿色标志时，说明其工作正常，没有堵塞；当指针指向黄色标志时，说明滤芯有堵塞现象，但还能继续工作；当指针指向红色标志时，说明滤芯堵塞严重，不能继续工作，必须更换滤芯。

4. 蓄能器

蓄能器（图 2-32）是具有蓄能保压功能的一种器件，其充气压力为 7MPa。它的作用与功能：① 蓄能保压；② 作为应急能源向系统补油；③ 吸收压力冲击或脉动；④ 减振和降

低噪声等。

泵送系统液压元件的位置与臂架系统液压元件的位置分别如图 2-33 和图 2-34 所示。

图 2-31　液压油箱

图 2-32　蓄能器

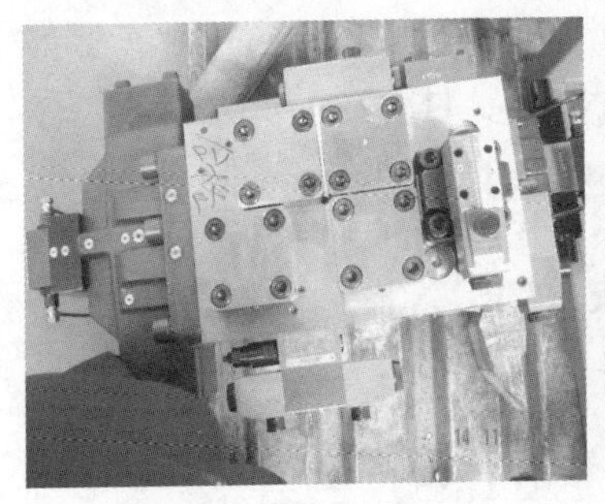

图 2-33　泵送系统液压元件位置示意图

图 2-34　臂架系统液压元件位置示意图

第 2-31 问　底盘在泵车中的功能是什么?泵车底盘常用哪些品牌?

底盘的作用主要是实现泵车的行驶功能，它也是泵车工作部分的动力来源。一般泵车底盘并非专门生产的底盘，通常是在通用载重底盘的基础上改装而成的，即在传动轴中间插入分动箱，并在底盘主梁上增加副梁作为臂架系统的固定基座。例如，三一混凝土泵车常用日本五十铃（ISUZU）、瑞典富豪（VOLVO）、德国奔驰（Mercedes-Benz）三种品牌的底盘。

第2-32问　采用五十铃底盘和沃尔沃底盘改装的泵车底盘在使用时要注意什么？

五十铃底盘分为欧Ⅱ和欧Ⅰ两种，这两种车型一定要注意排气制动开关和预热开关的位置，正常情况下两个开关关闭，只有在下坡时才打开。五十铃欧Ⅰ底盘的驻车制动器操纵杆是不能拉起的，不然很容易造成离合器的损坏。五十铃欧Ⅱ底盘的驻车制动器操纵杆则必须拉起，不然发动机不升速。其中央处理模块在副驾驶员位置，所以驾驶室严禁冲水。

沃尔沃底盘有FM7和FM12两种车型。由于这两种车型都采用ZF变速器，润滑方式为油泵供油润滑，不是常用的飞溅润滑，所以沃尔沃底盘拖车时，必须将传动轴拆下。沃尔沃底盘的差速器限制很多，故建议不使用差速器。当泵车陷入泥地中时，可利用泵车支腿将泵车支撑起后，垫木板和其他物品，然后将泵车开出泥地。

第2-33问　泵车的分动箱有什么用途？

泵车分动箱输入轴通过传动轴与汽车变速器相连，采用不同的动力输出方式，可使泵车实行不同的工况：一种是通过输出轴将动力传到后桥，这种方式使汽车实行行驶工况；另一种方式是通过三轴带动液压泵，液压泵输出液压油驱动各工作机构，这种方式使泵车实行泵送工况。两种方式的切换是通过气缸来完成的。因此，将汽车发动机功率分为两种用途：泵车行

驶和混凝土泵送。挂行驶档时发动机功率传到后桥，泵车行驶；挂档在泵送位置时，前、后桥传动轴脱开，汽车不能行驶，发动机功率全部用于泵送。

第 2-34 问　泵车电控系统由哪几部分组成？各有哪些控制功能？怎样操作？

泵车电控系统由电控箱、操作面板、遥控器等组成。其中，操作面板由近控操作面板、遥控操作面板和驾驶室控制面板三部分组成。

1. 近控操作面板

近控操作面板上装有文本显示器和触摸式按钮，如图2-35所示。其中正泵、反泵、遥控/近控切换、高低压切换、F1 及喇叭按钮可以直接操作，其他功能都由 ESC 键、Enter 键、上翻键、下翻键结合文本显示器显示的下拉式菜单进行操作。

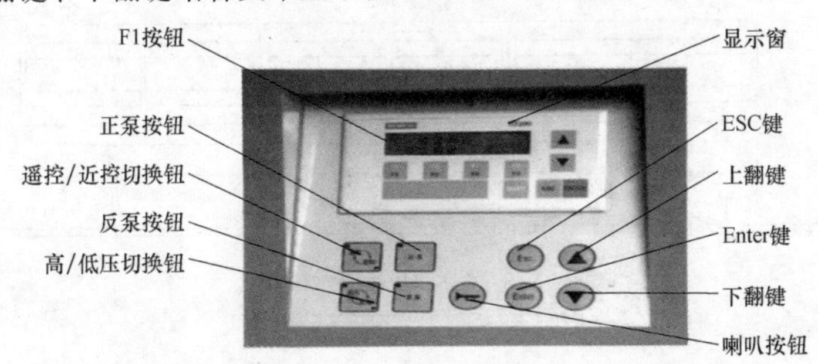

图 2-35　近控操作面板

2. 遥控操作面板

无线遥控系统由发射器和接收器组成，如图 2-36 所示。接收器装于泵车驾驶室内，通过连接电缆与电控柜相连。发射器由操作人员随身携带，可方便地对设备进行操作。遥控发射器操作面板的遥控功能如图 2-37 所示。用遥控器操作前，打

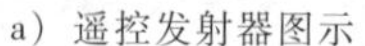

a）遥控发射器图示　　　　b）遥控接收器图示

图 2-36　遥控系统的组成

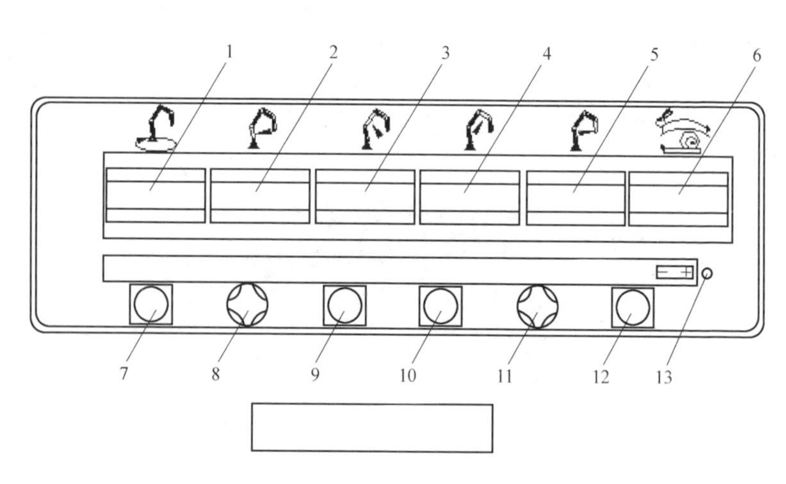

图 2-37　遥控发射器操作面板遥控功能

1—臂架回转动作摇杆　2—第一节臂架动作摇杆　3—第二节臂架动作摇杆
4—第三节臂架动作摇杆　5—第四节臂架动作摇杆　6—泵送排量调节摇杆
7—柴油机熄火按钮　8—频段选择旋钮　9—搅拌反转按钮　10—启动按钮
11—反泵-停-正泵选择旋钮　12—臂架动作速度选择
13—遥控器接通指示灯

开遥控器开关后，要检查遥控器上的急停按钮应处于松开状态。当遥控器接通指示灯闪绿光时，表示遥控器处于正常工作状态；若遥控器接通指示灯闪红光，则表示电池电力不足，应更换电池。

确定遥控器处于正常工作状态后，再按下起动控钮，遥控器准备就绪，所有按钮均进入工作状态，可进行操作。此时，任意扳动臂架操作摇杆，发动机转速自动升到1200～1300r/min；同时，对应的臂架开始动作；拧动正泵或反泵旋钮，发动机转速自动升到设定的工作转速，然后系统开始正泵或反泵工作。

在没有任何臂架动作、正反泵操作，也没有手动升降速操作的情况下，延时10s钟后，发动机转速自动降至怠速（发动机空转）。遥控器在遭受同频干扰时会自动封锁，此时，臂架动作停止，须重新按起动按钮，遥控器才能再次进入工作状态。

以下是部分功能的操作方法及说明：

1）臂架动作的速度可通过遥控器上的“快速/慢速”旋钮进行选择。

2）按下“搅拌反转”按钮，搅拌自动反转以后再恢复正转。

3）扳动排量调节摇杆，可遥控调节泵送排量。

4）按下“紧急停止”按钮时，所有与泵送有关的动作，如泵送、臂架动作、支腿动作等都将停止，同时，发动机降速至怠速状态。紧急停止时，在文本显示器上提示“紧急停止!!”信息；紧急停止后，遥控器自动断电；解除紧急停止后，须将遥控器上的“反泵/停/正泵”旋钮旋回停止位置，并按遥控器上的“启动”按钮，方可再次启动遥控器。

3. 电控箱

电控箱内有 PLC、断路器、熔断器、中间继电器和电路板等元器件，如图 2-38 所示。电气系统要注意防止雨水侵入，否则会影响各元器件的工作性能。

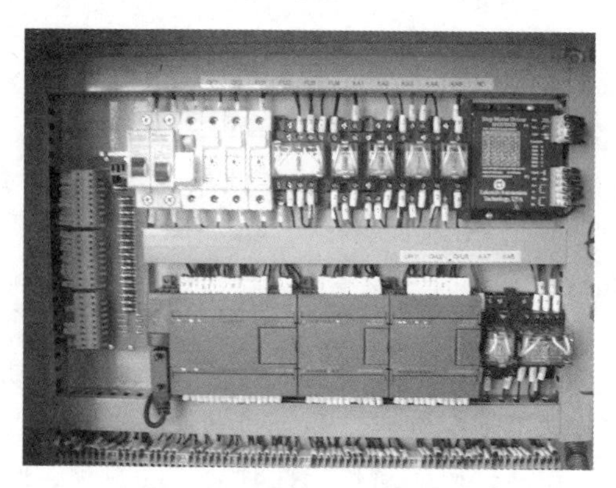

图 2-38　电控箱各元器件位置

（1）断路器　第一个断路器为电源总开关，此处故障主要为人为故障，如发觉 PLC 没电或驾驶室操作无反应，应检查熔断器；第二个熔断器是支腿灯的电源开关，支腿灯的作用主要是防止夜晚施工时，其他机械设备碰撞支腿。施工完毕后须将此开关关闭，否则，即使发动机熄火，支腿灯仍然亮着。

（2）熔断器　熔断器主要用于以下各处：①工作灯熔断器。一般很少用，可做备用熔断器；②遥控器熔断器。可通过检查接收器指示灯是否亮来判断其好坏，如灯不亮，则此熔断器损坏；③电磁铁熔断器。如臂架、支腿、正反泵都没动作，但发动机能升速，则可以肯定此熔断器已损坏；④PLC 熔断器。如果此熔断器损坏，则 PLC 灯全部熄灭，这时可通过检查遥控器接收器指示灯来判断熔断器是否损坏。熔断器的容量为 10A，更换时必须注意新熔断器的容量不能小于 10A。

第三篇

泵机操作与保养

本篇内容提要

本篇参考了泵车生产厂家的泵工培训教材，以泵车为例，介绍了其从行驶到泵送全过程的操作步骤。本篇内容图文并茂，初入行的人通过学习本篇，再对照实物，经过理论→实践→再理论的过程，可以逐步学会操作泵机，并参与设备的保养工作，成为一名合格的泵工。

第3-1问　怎样将泵车从行驶状态切换到泵送状态？需要注意哪些事项？

由于泵车的车型不同，其设置的档位、仪表、控制各种功能的按钮也不相同，但各种泵车从行驶状态切换到泵送状态的操作程序基本相同。现以其中一种车型（ISUZU底盘）为例，说明泵车从行驶状态切换到泵送状态的操作程序和注意事项。

1）检查驻车制动手柄是否拉上，驻车制动指示灯应点亮，如图3-1和图3-2所示。注意：切换前必须先拉上驻车制

图3-1　切换前必须拉上驻车制动手柄

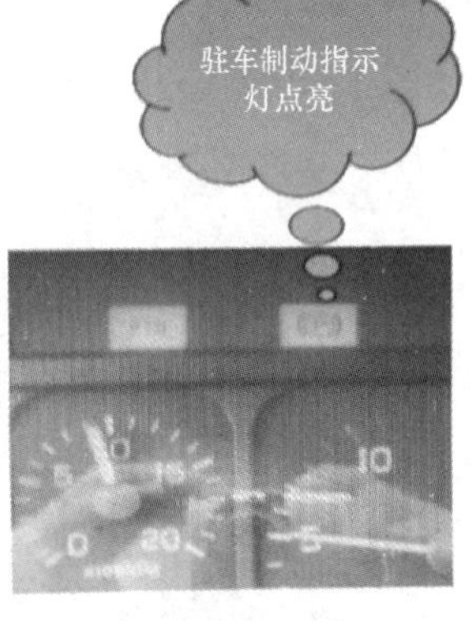

图3-2　驻车制动指示灯亮

动手柄，否则会造成发动机不升速。

2）将变速杆置于空档位置，先按下“PTO”按钮，再起动发动机，如图 3-3 所示。注意：未开 PTO 会导致发动机转速不稳定或不升速。

a）变速杆置于空档

b）按下“PTO”按钮

图 3-3　起动发动机前的操作

3）等待气压上升至 700kPa 以上，如图 3-4a 所示。注意：此项指标各车型要求不一，Mercedes-Benz 底盘要求气压在 7.0Pa 以上，VOLVO 底盘则要求气压升至绿色区域等，按实际车型要求操作即可。

注：1. bar 和 kPa（千帕）、MPa（兆帕）都是压强单位。

2. 1MPa = 1000kPa = 10 个标准大气压 = 9.8kg/cm^2 ≈ 10kg/cm^2。

3. 1bar = 0.1MPa。

4）按下电源按钮，如图 3-4b 所示，等待 10s 左右，完成 SYMC 控制器程序初始化。

5）按下油泵位置按钮，使分动箱从行驶位置切换到泵送位置，如图 3-4c 所示。注意：切换过程中能听到气响，待切换至泵送位置后，泵送位置指示灯点亮。

6）踩下离合器，按照档位标示挂好档（图 3-5），缓慢松开离合器。注意：车型不同，档位标示有所不同，本例标示挂

a）气压表示值升至700kPa以上

b）按下电源按钮

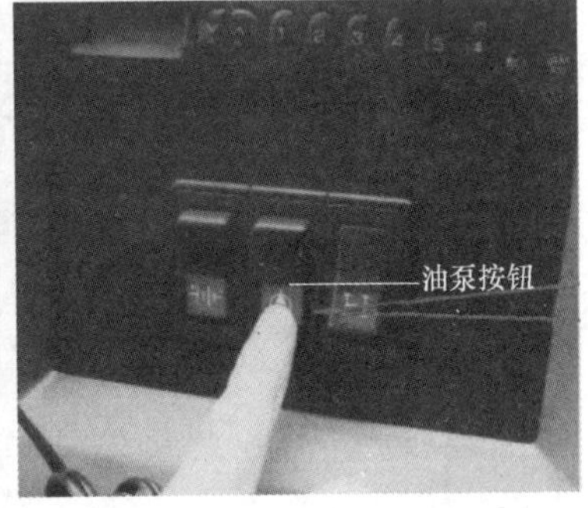

c）按下油泵位置按钮

图3-4　切换至泵送状态

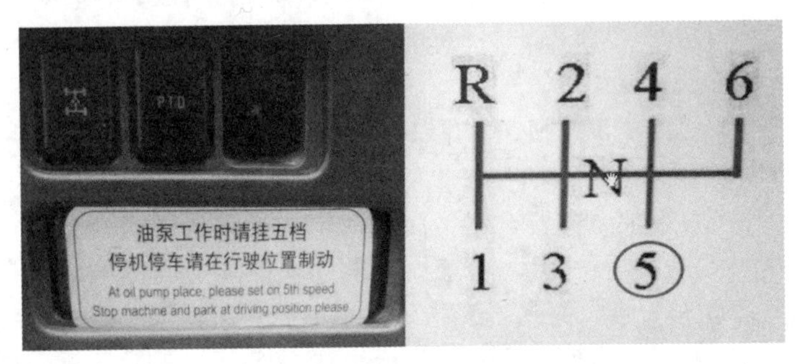

图3-5　按档位标示挂5档

5档，有标示挂14档（即高速7档）(Benz底盘)、8档(VOLVO底盘）的，如图3-6所示。泵送过程中，档位挂错将导致油泵或发动机烧坏；泵送位置挂好档后，电控柜显示器显示的转速必须与驾驶室仪表盘显示的发动机转速一致。

a）Benz底盘按档位标示挂14档（即高速7档）

b）VOLVO底盘按档位标示挂8档

图3-6　其他档位标示

第3-2问　泵车支腿的操作程序是怎样的？有哪些注意事项？

1）清除支腿范围内的障碍物，如图3-7所示。

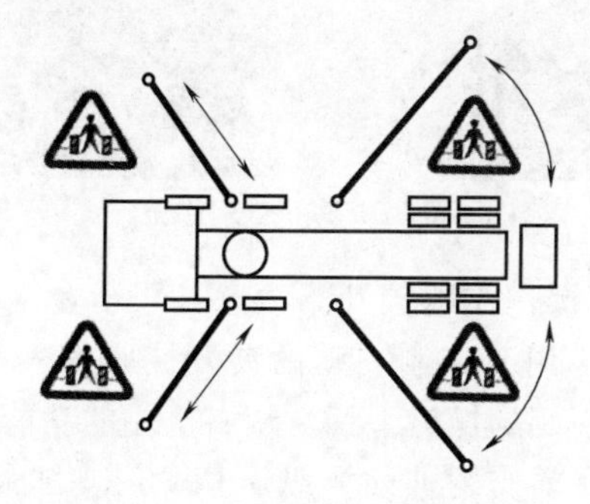

图3-7　支腿动作范围示意

2）将控制模式切换至近控位置，如图 3-8 所示。

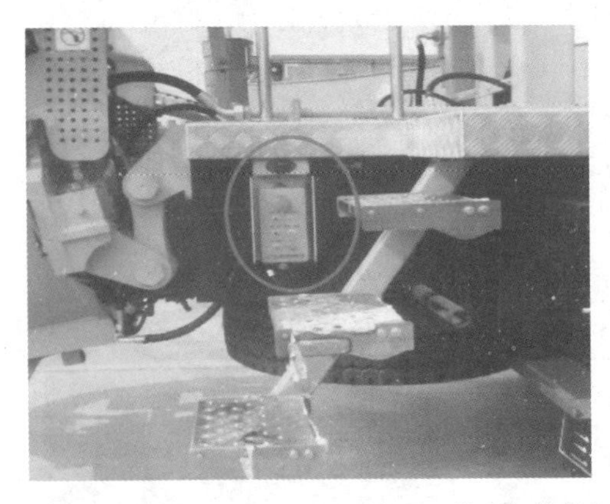

图 3-8　模式切换按钮

3）解除支腿锁，如图 3-9 所示。

图 3-9　解除支腿锁

4）按顺序操作支腿展开。注意：泵车左、右两侧各有一组支腿操作阀，用于控制支腿的展开或收缩及升降。图 3-10 所示是副驾驶一侧的操纵手柄，从右至左的功能依次为前支腿升降操纵手柄、前支腿伸缩操纵手柄、后支腿展开操纵手柄、后支腿升降操纵手柄。

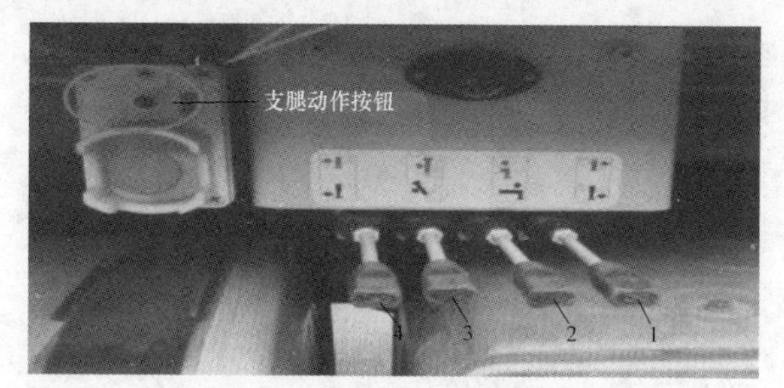

图 3-10　支腿动作操纵手柄

1—前支腿升降操纵手柄　2—前支腿伸缩操纵手柄

3—后支腿展开操纵手柄　4—后支腿升降操纵手柄

5）左手按下支腿动作按钮，右手扳下前支腿伸出手柄，操作前支腿伸出到位，如图 3-11 所示。

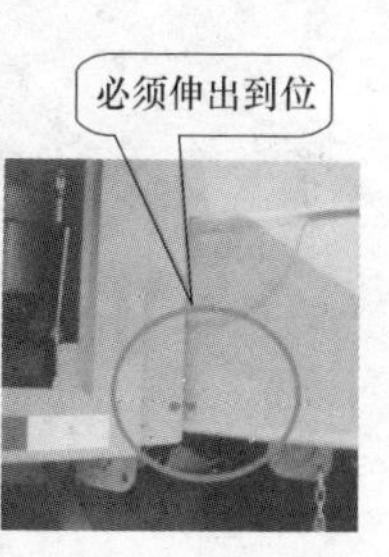

图 3-11　前支腿伸出操作示意图

6）操作后支腿展开。注意：各支腿伸出时都必须展开到位，如图 3-12 所示。

7）按照相同的顺序将另一侧支腿伸出和展开到位。

8）将垫板放在支撑液压缸座下方，分 2~3 次均匀地将四个支腿支起（图 3-13a）；然后通过水平度显示仪（图 3-13b）检查其水平度。需达到左右倾斜度不超过 3°，前后倾斜度不超过 5°。注意：前面应比后面稍高，使前轮稍离地，后轮刚接触地为好。

图 3-12　后支腿展开到位示意图

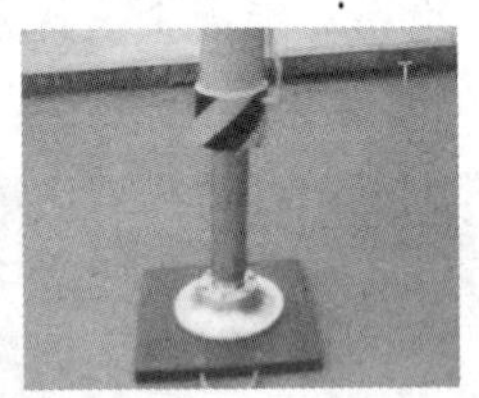

a）泵车支腿下垫板

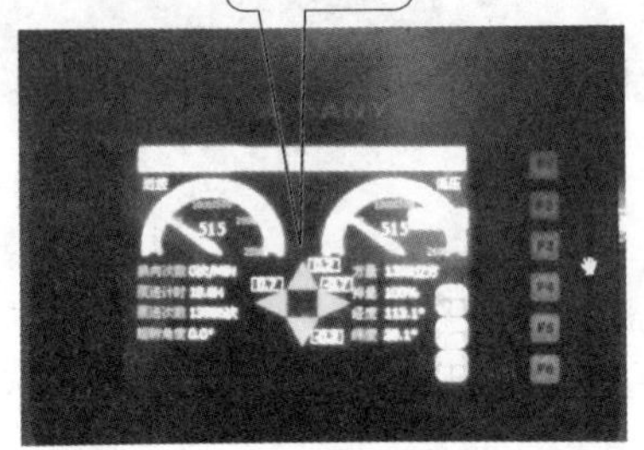

b）水平度显示仪

图 3-13　支起支腿并检查其水平度

9）夜晚施工时必须打开示宽灯，如图 3-14 所示。将底盘头灯打开，示宽灯即可打开。

图 3-14　夜晚作业时打开示宽灯

关于支腿操作中对场地的要求及安全事项详见第六篇。

第 3-3 问　泵车遥控器的基本结构是怎样的?

无线遥控系统是由发射器和接收器组成的。接收器装在泵车驾驶室内，通过连接电缆与电控柜和多路阀相连；发射器由操作人员随身携带，可方便地对泵车进行遥控操作。遥控器的基本结构如图 3-15 所示。

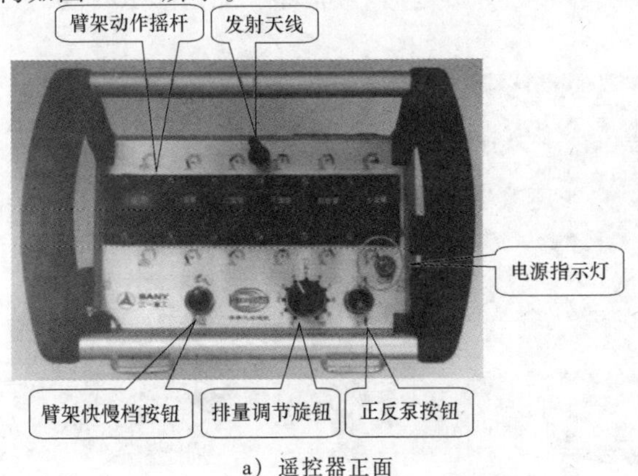

a）遥控器正面

图 3-15　遥控器的基本结构

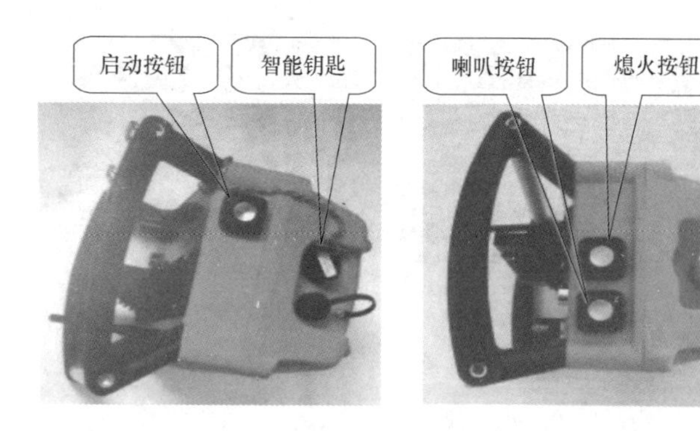

b）遥控器两侧面

图 3-15　遥控器的基本结构（续）

第 3-4 问　怎样使用遥控器?

1. 遥控器的启动步骤

1）由近控切换到遥控。遥控器接收器正常通电时（即没有打开发射系统钥匙开关时），从接收系统顶部上显示窗口中可以看到仅一黄色和一红色灯常亮，如图 3-16 所示。

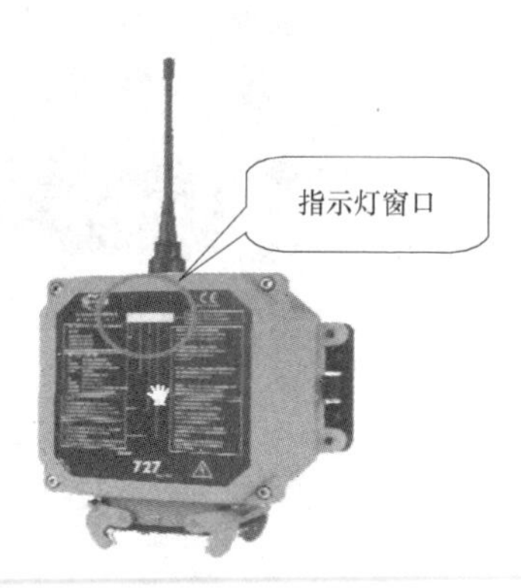

图 3-16　遥控切换按钮及接收器指示灯

2）松开遥控器紧急停止开关，将智能钥匙轻轻拧到位，按一下启动按钮，如图 3-17 所示。此时，发射系统上的指示灯开始快速闪烁（系统处于扫频状态），几秒钟后，指示灯会变为有节奏的闪烁，接收系统上的指示灯由原来的一黄一红，变为绿色，此时接收系统旁边可以听到其内部继电器的闭合声，遥控系统工作启动。

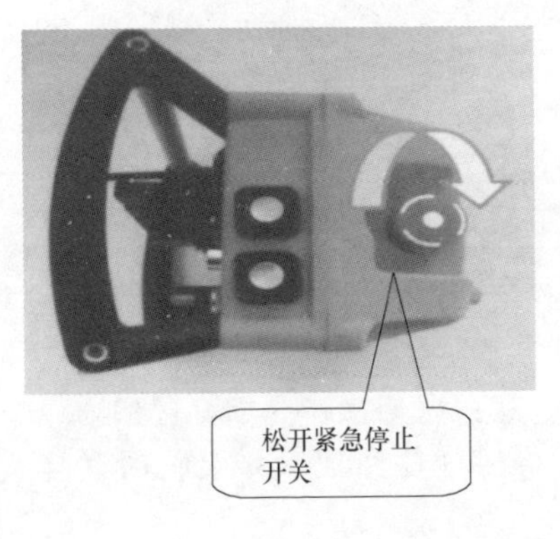

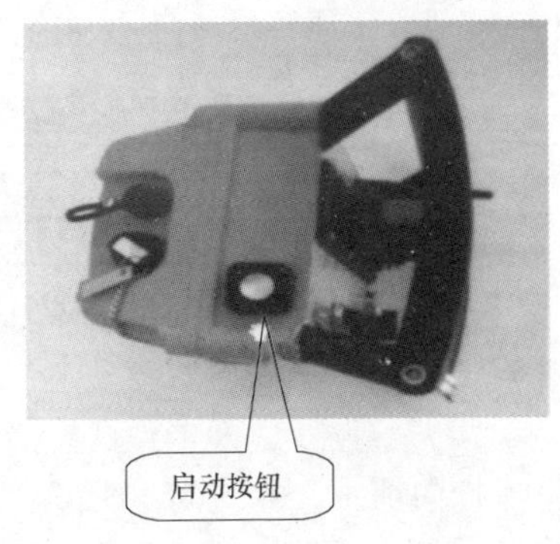

图 3-17　遥控器侧面的急停开关和启动按钮

3）操纵发射器上的摇杆和开关，相应功能便开始工作。

2. 操作中的注意事项

1）遥控器在受到同频干扰时会自动封锁信号输出，臂架、泵送等动作均会停止。此时需重新打开智能钥匙，按启动按钮（自动选择频道），遥控器将再次进入工作状态。

2）操作中若遥控器指示灯闪红光，表示电池电力不足，应更换电池。遥控器电池及其充电方法如图 3-18 所示。

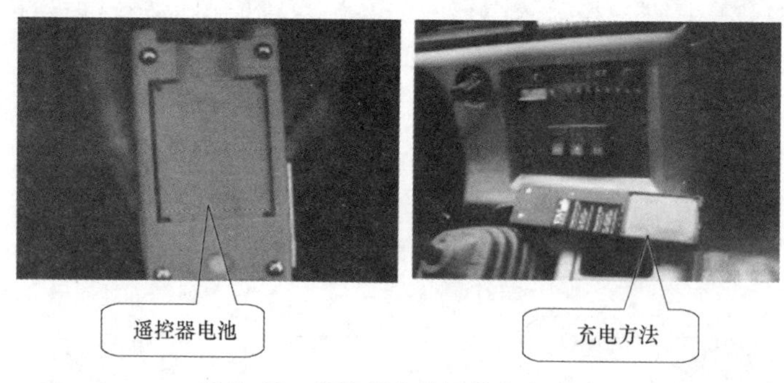

图 3-18 遥控器电池及其充电方法

第3-5问 遥控器可操纵泵车多少个功能（动作）？

遥控器可操纵以下六个动作。

1. 臂架动作

当遥控器进入工作状态后，按照臂架操作要求将臂架动作摇杆向前推，相应臂架展开；将摇杆往回扳，臂架收回（详细可参考臂架操作说明）。

2. 正反泵

当遥控器进入工作状态后，打开正泵或反泵开关，发动机转速自动升到设定的工作速度后，泵送功能启动。

3. 臂架快慢档

操作人员可根据个人习惯或操作场合进行选择："兔子"位置为快档，"蜗牛"位置为慢档。

4. 排量调节

操作人员可根据不同的泵送场合选择不同的泵送速度。

5. 紧急停止

遇到紧急情况（如爆管、喷油、机械部位异响等）可以按下紧急停止开关，按下该开关后，泵送、臂架动作均停止，发动机降为怠速。

6. 发动机熄火

出现十分紧急的情况（如喷油、机械部位异响）时，应操作遥控器使发动机熄火。

第 3-6 问　怎样进行遥控臂架伸展操作?

支腿支撑好后，将控制状态切换至遥控位置，打开遥控器，按臂架展开顺序操作臂架伸展，具体操作顺序如下。

1. 一号臂展开

操作时不要一次将摇杆扳到位，而应慢慢过渡到最大位置，如图 3-19 所示。并要注意，一号臂展开前，应先将二、三、四、五号臂架全部收回一次，如图 3-20 所示。

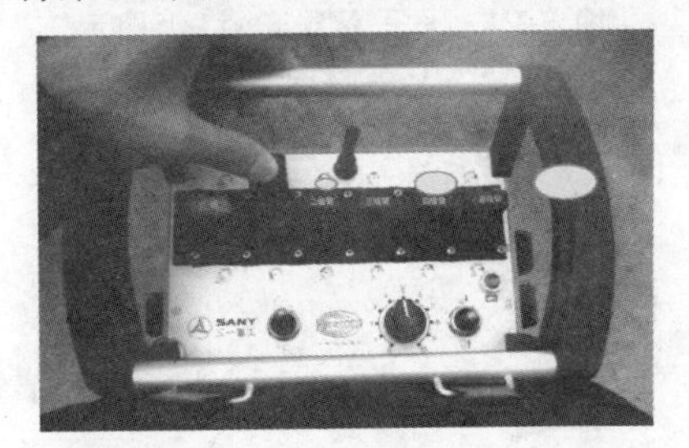

图 3-19　臂架展开遥杆正面图示

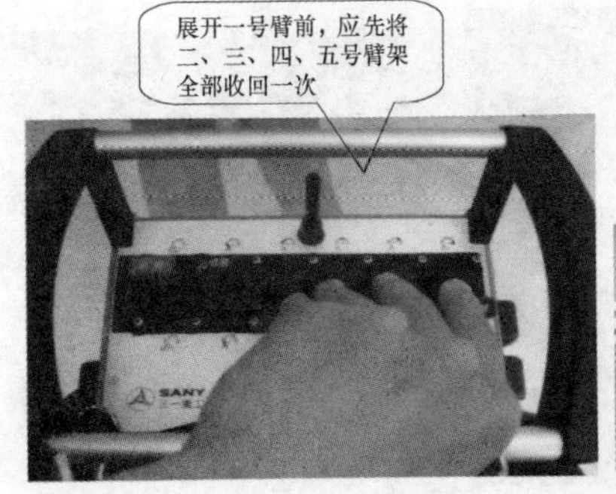

图 3-20　展开一号臂前先将其他臂架收回一次操作图示

2. 二号臂展开

展开二号臂前，一号臂必须展开到90°，如图3-21所示。

图3-21　一号臂展开到90°图示

3. 三号臂展开

待二号臂展开到水平位置后，才允许展开三号臂，如图3-22所示。

4. 四号臂展开

展开四号臂前，三号臂必须展开到水平位置，如图3-23

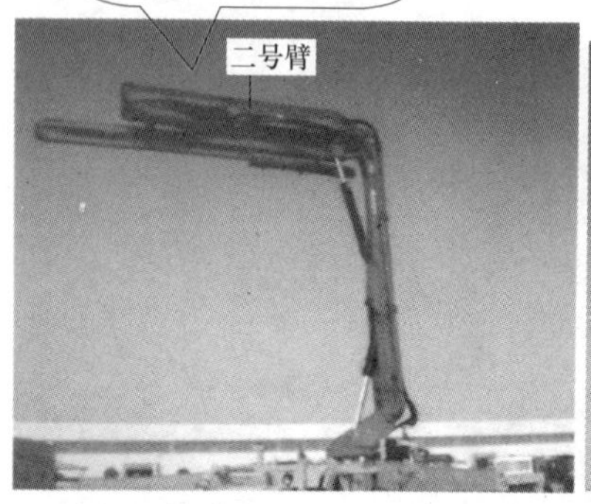

图3-22　二号臂展开到水平图示

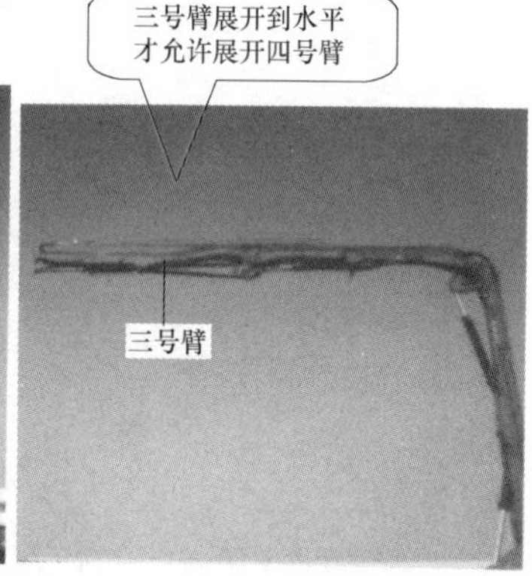

图3-23　三号臂展开到水平图示

所示。三桥 46m、四桥 50m、52m、56m 泵车展开四号臂前，需将五号臂展开 15°，如图 3-24 所示。

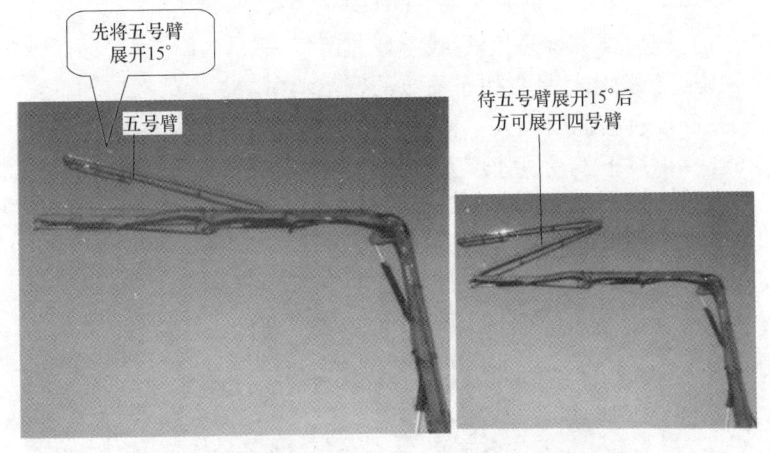

图 3-24　五号臂展开至 15°再展开四号臂图示

5. 五号臂展开

展开五号臂，放下软管，如图 3-25 所示。注意：收软管时，必须水平放置末端臂架，用手将软管托入软管夹内。严禁操作臂架用甩管的方法将软管甩入软管夹内。

图 3-25　放下软管操作图示

第3-7问　怎样进行近控臂架操作？近控操作宜在什么情况下采用？

因近控操作臂架时视线不好，所以一般在遥控器失效时才采用近控操作，且仅用于简单的臂架动作。其操作顺序如下：

1）将控制器模式切换至近控状态，如图3-26所示。

2）按下发动机速度升按钮，将发动机转速升至1200r/min以上，如图3-27所示。

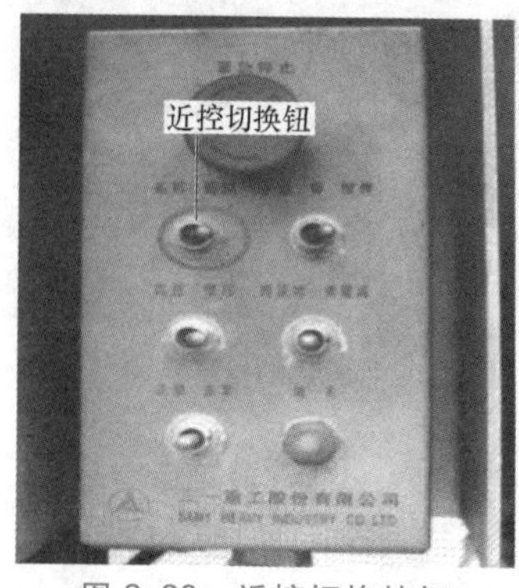

图3-26　近控切换按钮

图3-27　发动机速度升按钮

3）按照臂架操纵顺序及要求操纵臂架，操纵时，臂架必须在视线范围内。将多路阀手柄下压，臂架展开，如图3-28所示；

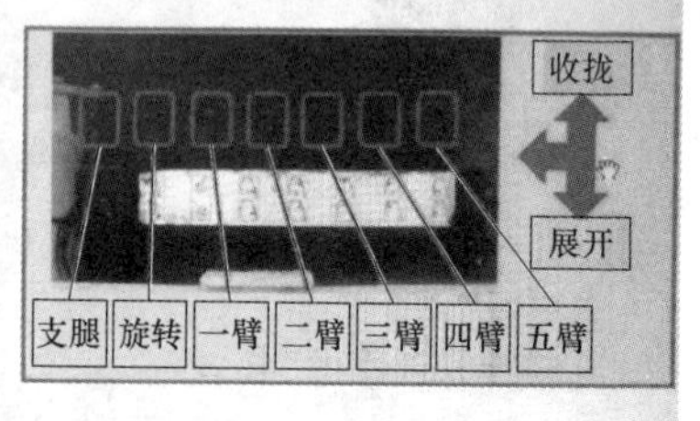

a）臂架收展面板位置图示

图3-28　臂架展开操作

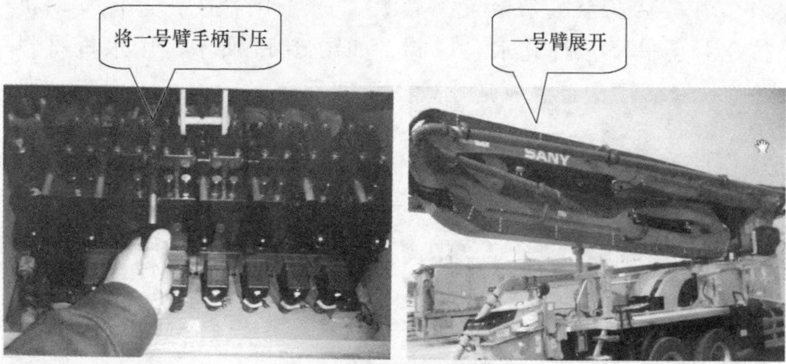

b）一号臂架展开操作图示

图 3-28　臂架展开操作（续）

或往上拉，臂架收回。臂架动作速度与手柄开度成正比。

第 3-8 问　泵送结束后可用哪些方法清洗泵送设备和管道?

泵送结束后，应立即清洗泵车、管道及料斗内的残余混凝土。

洗车的方法分为干洗与湿洗两种。

1. 干洗步骤及注意事项

1）将吸足水的清洗球塞入末端软管内，如图 3-29 所示。此时必须保证料斗内的混凝土淹没搅拌轴。

2）将臂架竖直至 45°以上，如图 3-30 所示。但要注意安全，避免软管在泵车和人员的正上方。

3）满排量操作反泵，直到料斗内的混凝土料位不发生变化。

4）打开料斗门及铰链弯管，放出残留混凝土，取出海绵球（清洗球），如图 3-31 所示。

5）接好高压水管与水枪，如图 3-32 所示；将“搅拌/水泵”开关切换至水泵位置，操纵“速度升”按钮，将发动机按钮升至最高，打开水泵球阀，如图3-33所示。用水枪将料斗、S管、输送缸、铰链弯管内清洗干净。

图3-29　清洗球塞入末端软管内图示

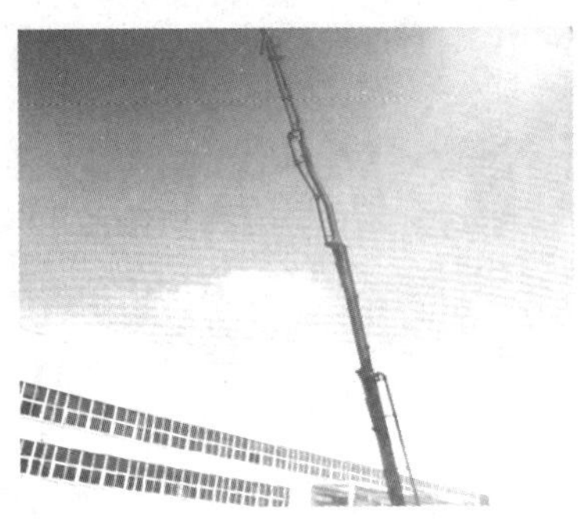

图3-30　将臂架竖直至45°以上图示

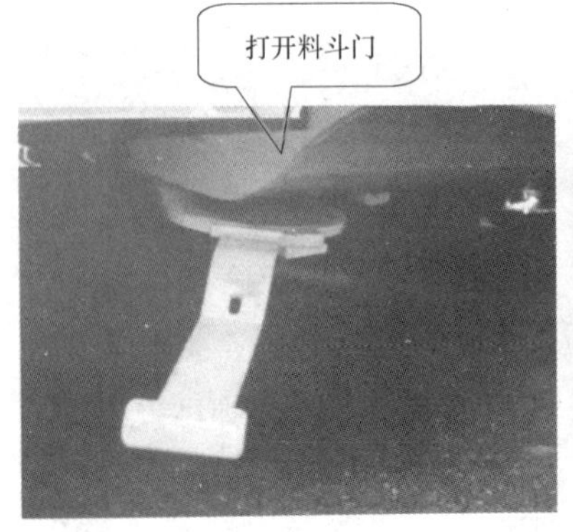

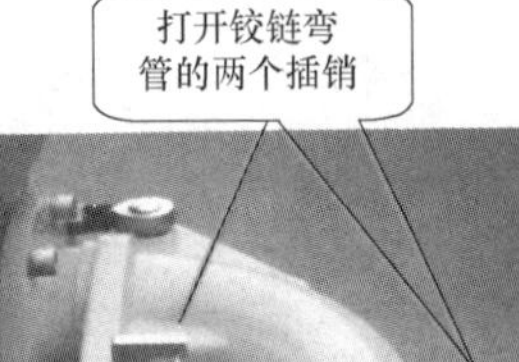

图3-31　打开料斗门及铰链弯管图示

2. 湿洗步骤及注意事项

1）泵送完毕后，将臂架尽量竖直，满排量操作反泵，直到料斗内的混凝土料位不发生变化。将臂架放平，打开放料

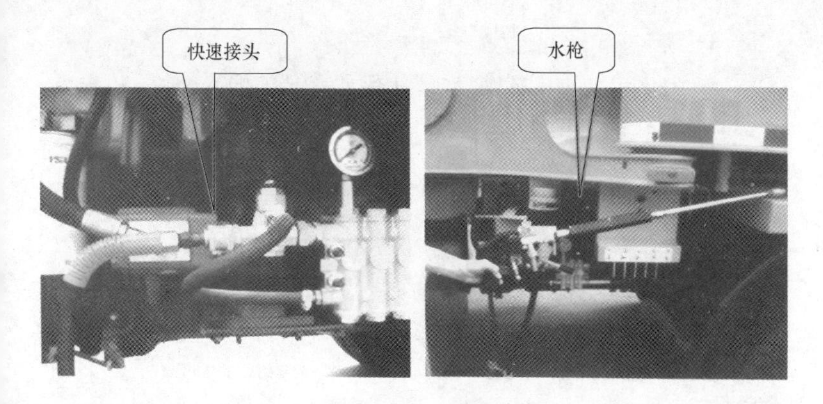

图 3-32　接好高压水管与水枪图示

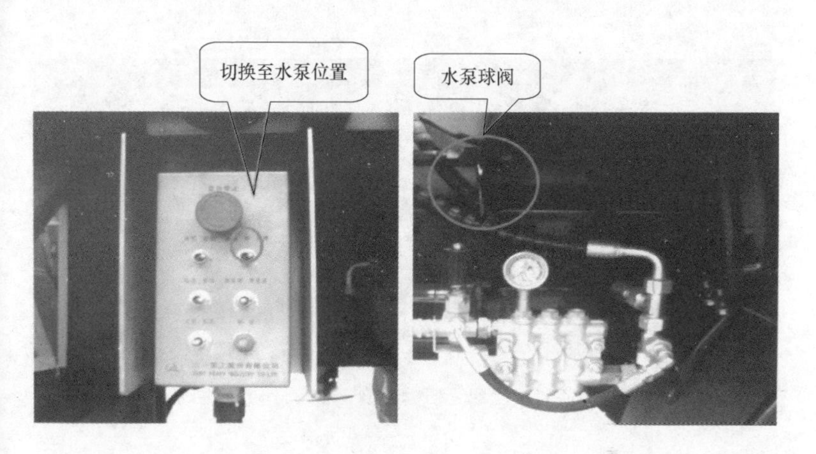

图 3-33　开关切换至水泵位置并打开水泵球阀图示

门，放出料斗内的混凝土。

2）打开铰链弯管，用水枪将料斗、S 管、输送缸、铰链弯管冲洗干净。

3）将清洗球放入铰链弯管内。

4）关好料斗门，装好铰链弯管。

5）往料斗内加注自来水，并保证有足够的水源。

6）操作满排量正泵，直到清洗球从软管中出来为止。

第 3-9 问　泵送结束后怎样收车？

泵车清洗完毕后，进行收车操作，其顺序如下：

1）收回臂架。放下末端臂架，将软管放入软管夹内，将五号臂收回至与四号臂成 15°左右夹角；收回四号臂，四号臂到位后将五号臂收回到位；按展开的顺序收回其他臂架，如图 3-34 所示。

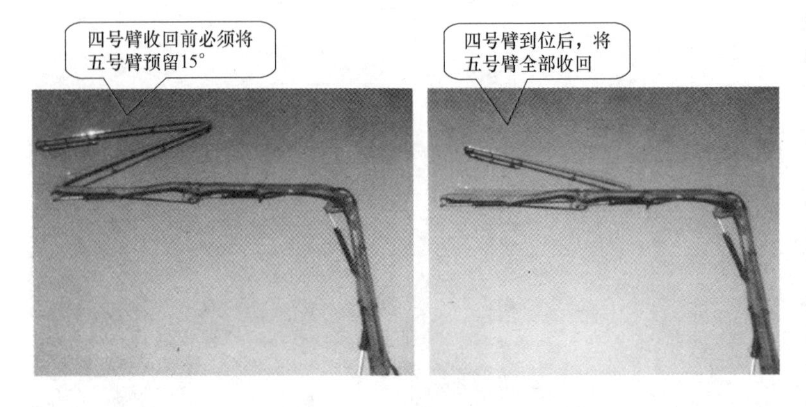

图 3-34　收回四、五号臂架时的操作顺序图示

2）收回支腿并锁好，如图 3-35 所示。若行驶过程中未锁好支腿锁，则会有安全隐患，易引发安全事故。

3）踩下离合器踏板，将底盘置于空档，等待 3～5s；从液压泵位置切换到行驶位置，关闭电源开关，如图 3-36 所示。

4）按驾驶操作规程开离现场。

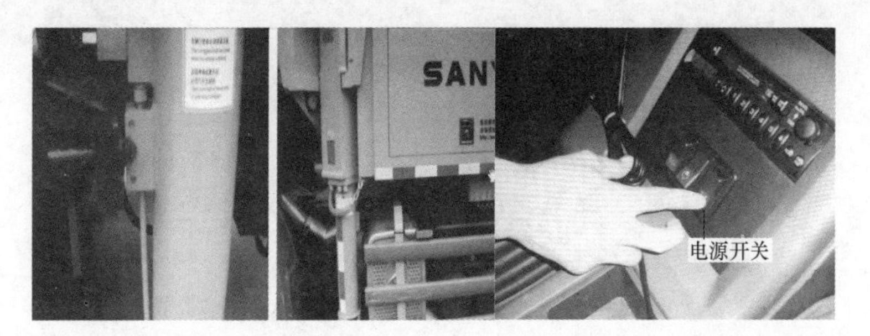

图 3-35　支腿收回后并锁上支腿锁

图 3-36　切换至行驶位后关闭电源

第 3-10 问　泵车有哪些强制功能？怎样操作？

在紧急状况下，可以使用泵车的三种强制功能。

1. 强制泵送

当自动泵送功能失效后，紧急状况下可以按“F5”键，如图 3-37 所示，启动强制泵送。

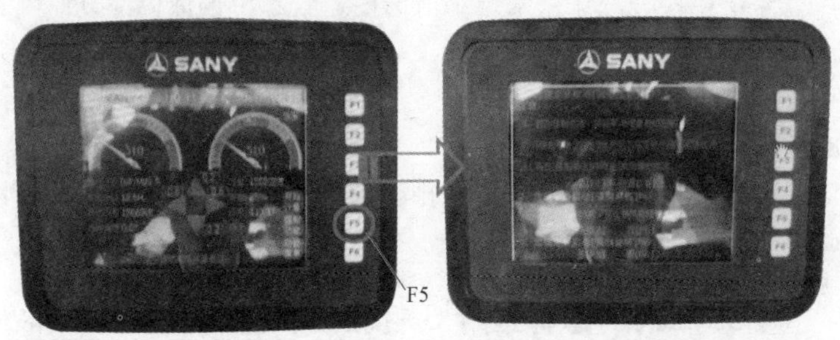

a) 按下“F5”键　　b) 操作面板

图 3-37　紧急状况下按“F5”键施行强制功能操作面板

2. 强制风机

当液压油温度达到 55℃ 以上，风机仍不能自行起动时，可按“F5”键，启动强制风机功能。

3. 强制旋转

在支腿全部展开的情况下，臂架旋转角度未超过360°，而旋转不能动作时，启动强制旋转功能。

第3-11问　混凝土活塞怎么保养？应注意哪些事项？

混凝土活塞分下列三个阶段实行保养工作。

1. 泵送前

洗涤室在泵送时必须加满清洁的水。加水的目的是对混凝土密封体起清洗、冷却和润滑作用，所以必须确保洗涤室中的水是清洁的。当环境温度低于15℃时，可以加入适量的干净液压油（严禁加废机油），但不能使洗涤的水温过高，故在室温超过30℃时，不能采用此方法。夏季施工时，可以用长流水冲洗涤室，以降低洗涤室的温度；还可以采用在洗涤室中加少许肥皂等方法。以上措施均可提高混凝土密封体的使用寿命。

2. 泵送中

要定期检查洗涤室水位和清洁度，若水位偏低应检查原因。

3. 泵送后

检查水是否变混浊，检查时应退出混凝土活塞。检查放水旋杆是否拧紧，并及时补水。水变混浊、水温偏高或环境温度低于0℃时停止泵送，应将水排干净。排水的方法是拧松放水旋杆，操作泵送将水排净。

第3-12问　怎样进行S管轴承和搅拌轴承的保养？

1）S管轴承和搅拌轴承如图3-38所示。保养用的锂基脂品种选择：环境温度>15℃时，应使用“00”号锂基脂；环境温度≤15℃时，采用“000”号锂基脂。

2）保证润滑脂泵内液位不低于最低油位线，如图3-39所示，以防止润滑脂泵吸入空气。若要排气，可松开排气螺钉

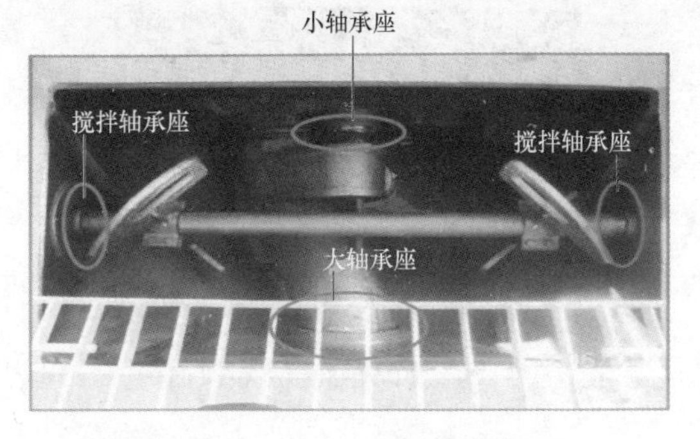

图 3-38　S 管轴承和搅拌轴承图示

（图 3-40），操作泵送，直到排气口喷出的锂基脂呈线状为止。

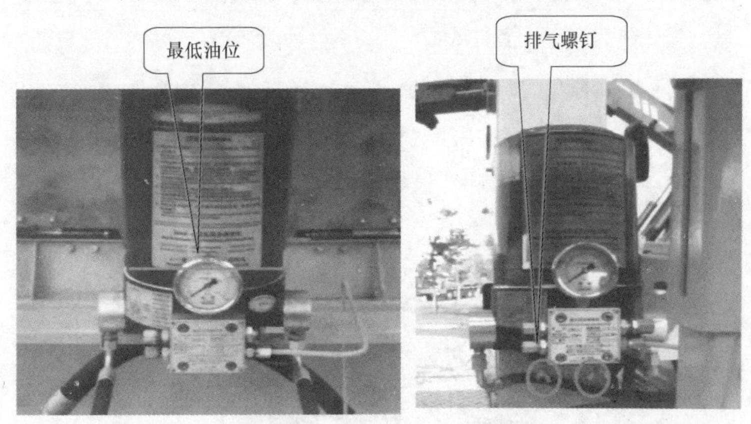

图 3-39　润滑脂泵内最低油位线图示

图 3-40　润滑脂泵排气螺钉位置图示

3）加注润滑脂时必须保持加注器的清洁，严禁任何脏物（如木屑、砂石、纸屑等）进入润滑系统中。

4）泵送过程中，要定期检查分配阀指示杆是否动作，如图 3-41 所示，若不动作要停机检查原因。

5）每次洗完车后必须空泵 5min 左右，检查料斗内各润滑

图 3-41　分配阀指示杆位置图示

点是否有干净的锂基脂流出。

第 3-13 问　液压油有哪些型号和品牌？使用时应注意什么？

液压油型号：矿物液压油（HLP46#）、合成脂降解液压油（HLP—E46#）、抗燃液压油（HFC46）、抗磨液压油（VG46）等。在环境温度较高的情况下，可加注 HLP68#液压油以提高其黏度等级。注意：不得将不同型号、不同品牌的液压油混合使用。

第 3-14 问　怎样更换液压油及滤芯？

1）待液压系统达到正常工作温度后，关闭遥控器、发动机，打开卸荷球阀，如图 3-42 所示。

图 3-42　卸荷（泄压）球阀位置图示

2）松开排污阀放油螺塞，放出液压油；拧开主油泵下方放油螺塞，排出系统中的残余液压油，如图 3-43 和图 3-44 所示。

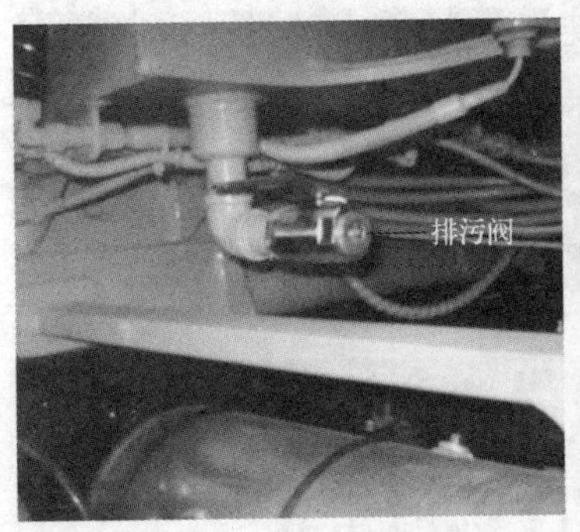

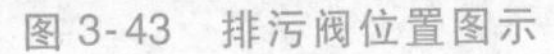

图 3-43　排污阀位置图示

图 3-44　放油螺塞位置图示

3）打开油箱上的两个清洗口（图 3-45），用柴油将液压油箱内清洗干净后，用调好的小麦粉面团将箱内的杂质粘干净。

4）拆开两个高压过滤器，取出滤芯，将过滤器座内清洗干净，如图 3-46所示。注意：在泵送过程中，当指示器显示为红色时（图 3-47），要立即停机更换滤芯。

图 3-45　清洗口（加油口）位置图示

5）将新滤芯安装在过滤器座上，将油杯装上（油杯拧到位后必须返回 1/4 圈），然后装好主油泵放油螺塞。

6）用滤油机将液压油加注至规定油位，如图 3-48 所示（约 800L，车型不同油量不同），盖好油箱盖板。然后打开主油泵排气口，直到有新油流出，拧紧螺塞（位于主油泵壳体上侧）即可。

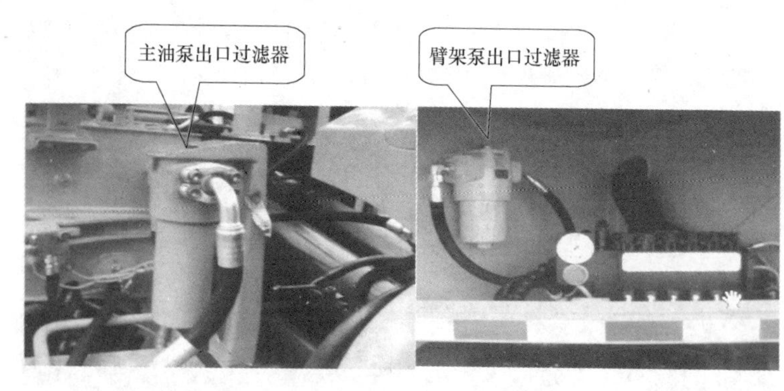

a）主油泵出口过滤器　　b）臂架泵出口过滤器

图 3-46　出口过滤器位置图示

图 3-47　指示器显示图示

图 3-48　油位标牌位置图示

7）关闭卸荷球阀，将泵送排量调到最低，将底盘从低档慢慢切换至泵送档怠速运行几分钟。

8）停机后泄压，把多路阀回油管（图 3-49）拆开，把油管接到油桶上。开机后依次操纵各节臂展开，排出臂架液压缸中的旧油，然后熄火重新接上胶管。根据液压油位标记加注液压油到规定位置。

图 3-49　多路阀回油管图示

第 3-15 问　怎样对料斗进行检查和保养?

1）泵送后必须将余料清理干净，重点检查 S 管底部，如图 3-50 所示，以防残余混凝土将 S 管磨穿。

2）每次洗完车后，要打开铰链弯管插销（图 3-51）检查 S 管内是否还有积料，以防造成泵送过程中堵管。

图 3-50　检查 S 管底部图示

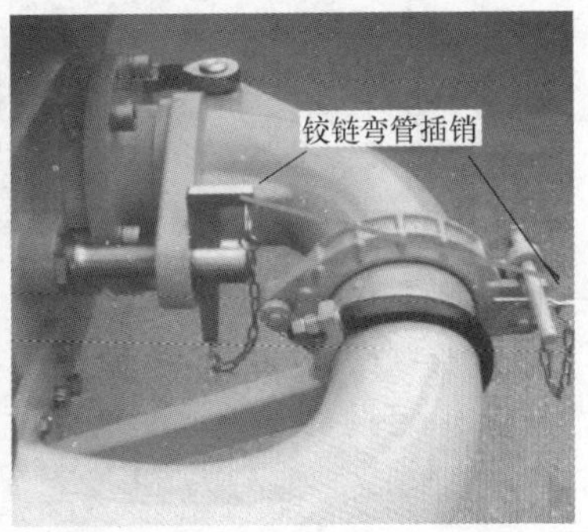

图 3-51　铰链弯管插销图示

3）每次洗完车后，要检查眼镜板、切割环间隙，若间隙偏大，应及时调整（锁紧异形螺母），如图 3-52 所示。当间

隙≥0.7mm 无法调整时，应更换眼镜板和切割环。为延长切割环的使用寿命，可以定期将切割环旋转 90°，如图 3-53 所示。

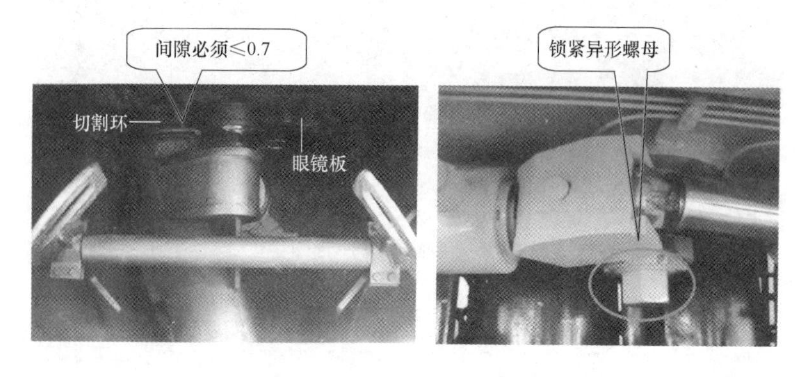

图 3-52　切割板、眼镜板、异形螺母位置图示

4）检查搅拌叶片是否磨损。搅拌叶片磨损会造成泵车吸料性不好，料斗底部积料增多。因此，要及时更换搅拌叶片。如要对搅拌叶片进行焊接处理，则要注意叶片与料斗的间隙不能小于 5cm（图 3-54），否则可能造成料斗磨穿。

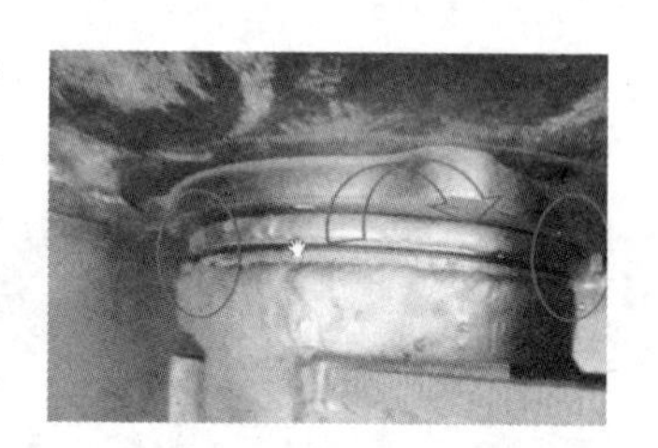

图 3-53　切割环定期旋转 90°图示

5）定期检查过渡套的高度，如图 3-55 所示，当其高度低于输送缸时，应立即更换过渡套，以免影响输送缸的使用寿命。

6）定期检查搅拌轴端盖是否漏浆，如图 3-56 所示。如漏浆要及时更换搅拌轴密封，以防磨损搅拌轴及轴承，污染液压系统。

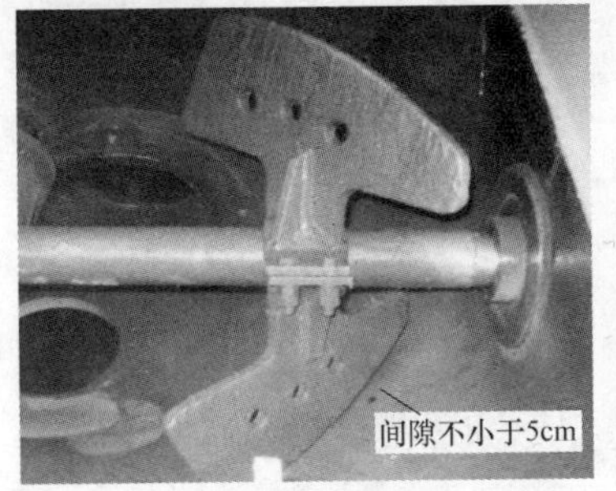

图 3-54　叶片与料斗间隙图示

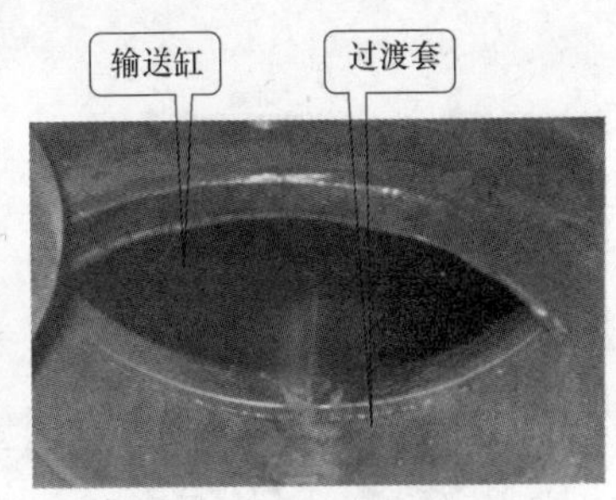

图 3-55　输送缸与过渡套图示

图 3-56　搅拌轴端盖位置图示

第 3-16 问　怎样对旋转减速机进行检查和保养?

1）定期检查油位。定期将放油口打开，检查减速机壳体内是否有冷凝水，如图 3-57 所示。

2）每泵送 500h 或工作半年要更换一次传动油，加注黏度等级为 SAE90 的 KPIGL4 传动油（出厂时加注壳牌 150#齿轮油），用量约 8L。

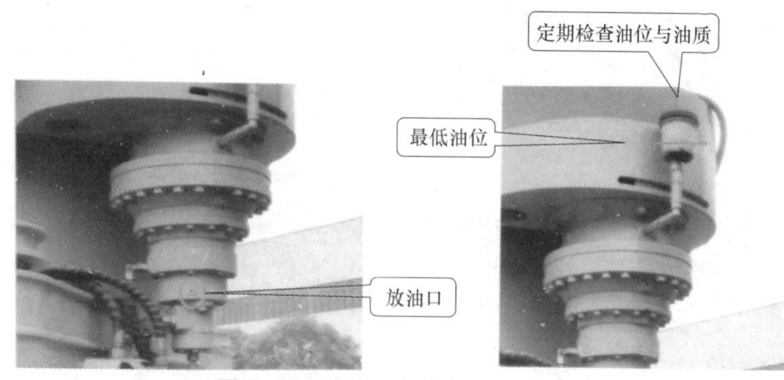

图 3-57　放油口与油杯位置图示

第 3-17 问　怎样对减速机进行换油操作？

1）操纵臂架旋转一圈，停机拧开油杯盖，拧开减速机放油螺塞，放出旧油，拧紧螺塞。

2）将减速机周围清理干净。

3）松开与油杯盖同高度的螺塞，用手摇式加油机往里面注油，直至油液从加油口流出，然后堵好螺塞。往油杯里加注齿轮油至 1/2~3/4 液位，最后盖好油杯盖，如图 3-58 所示。

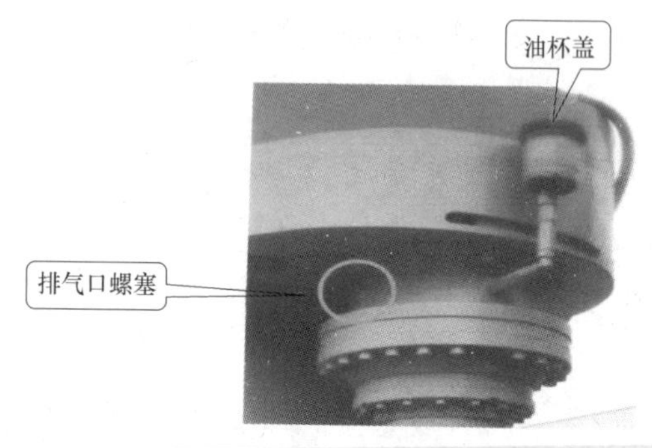

图 3-58　排气口螺塞位置图示

第 3-18 问　怎样进行回转支撑的保养?

1）每半个月对回转支撑加注一次润滑脂，加油口位置如图 3-59 所示。

2）每天及时清除回转轴承机构中的砂石，并检查回转轴承螺栓和减速机固定螺栓是否有松动和断裂现象，如图 3-60 所示。若发现有松动和断裂的螺栓必须予以更换，并同时更换断裂螺栓左侧和右侧的两个螺栓。

图 3-59　回转支撑加油口位置图示

图 3-60　回转轴承螺栓与减速机螺栓图示

3）定期给回转齿圈及过渡齿轮涂抹润滑脂，如图 3-61 所示。

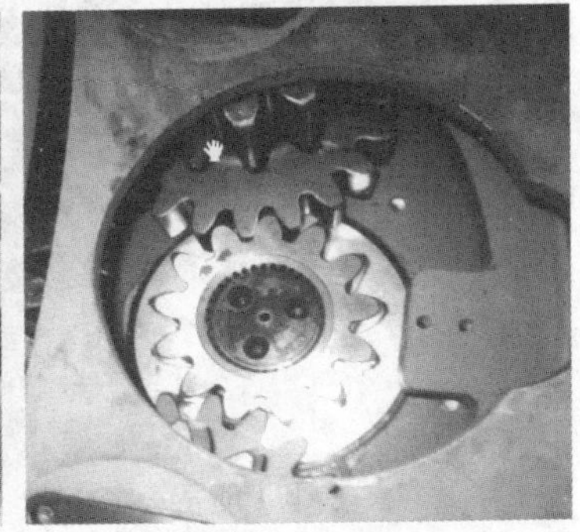

图 3-61　回转齿圈与过渡齿轮图示

第 3-19 问　怎样对分动箱进行检查、保养和更换齿轮油？

1. 分动箱的检查和保养

1）定期检查分动箱齿轮油的油位与油质（图 3-62a），如油位偏低，应及时补充油液。

2）分动箱齿轮油每泵送 500h 或工作半年要更换一次，如检查发现齿轮油变红，应提前更换。分动箱使用黏度等级为 SAE90 的 APIGL4 传动油（出厂时加注壳牌 150#齿轮油）。

2. 齿轮油更换方法

1）热机后，松开分动箱放油螺塞，将旧油排干净，然后装上放油螺塞。

2）松开油位螺塞，打开分动箱加油口（图 3-62b），加入齿轮油（约 8L），直到油液从油位口流出。然后，装好油位口螺塞及加油口通风罩。

3）每周检查一次分动箱的连接螺栓（图 3-63）和挂架螺栓，防止因螺栓松动造成分动箱损坏。

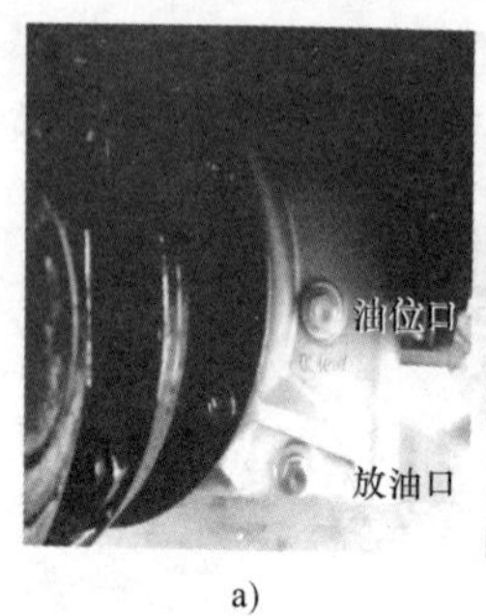

a)

b)

图 3-62　分动箱油位口和加油口图示

图 3-63　分动箱连接螺栓图示

第 3-20 问　怎样对臂架进行检查与保养?

1. 常规检查

每次出车前检查臂架销轴的固定情况，检查臂架及支腿有无开裂或变形。

2. 加注润滑脂

每半个月对臂架、支腿加注一次润滑脂（重负荷润滑脂），且必须加注到位，不得漏加，如图 3-64 所示。臂架与支腿润滑点分布如图 3-65 所示。

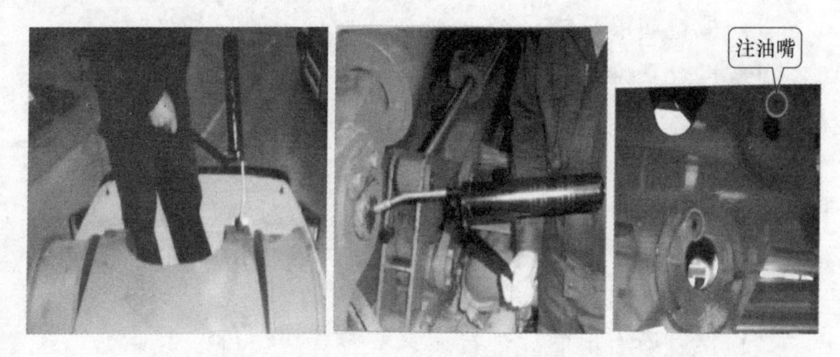

图 3-64　为臂架、支腿加注润滑脂及注油嘴图示

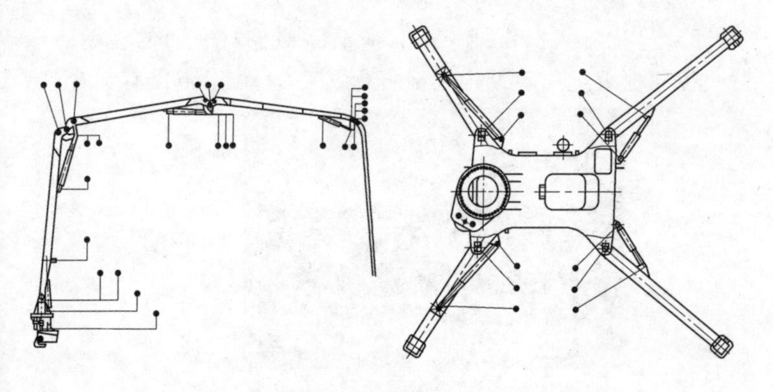

图 3-65　臂架与支腿润滑点分布示意图

第3-21问　机械系统日常检查及保养项目有哪些？

1）检查分动箱旋转马达润滑油油位及油质。

2）检查液压油油位及油质。

3）排出液压油中的凝聚水。

4）洗涤室和水箱内应加满清洁的水。

5）检查眼镜板与切割环间隙。

6）检查各紧固螺栓是否松动。

7）检查输送管道混凝土活塞磨损情况。

8）检查润滑系统是否正常。

9）检查安全绳与臂架连接是否牢固。

10）泵送洗车完成后，对大、小轴承座及搅拌轴套加注锂基脂。

第3-22问　电气系统日常检查及保养项目有哪些？遥控器如何保养？

1）检查所有电气元件接线，不应有断线和松动现象。

2）检查各电气元件功能是否正常。

3）每次施工操作结束时，应清除遥控器表面的污垢，保持遥控面板卫生。定期检查摇杆保护套（图3-66）有无开裂，

图3-66　遥控器摇杆保护套图示

如有开裂要及时更换，以避免泥水和潮气进入，造成内部短路而损坏系统主板。

第 3-23 问　底盘系统日常检查及保养项目有哪些？

1）经常检查油标，看箱体内是否存有润滑油。

2）注意运行时声音是否正常。

3）半年更换一次润滑油，国产分动箱润滑油量为 18L，进口分动箱为 8L。

第 3-24 问　ISUZU 底盘系统润滑脂的加注要求与方法是什么？润滑点是怎样分布的？

ISUZU 底盘系统润滑脂加注周期为每工作半月加注一次，以黄油枪压入，如图 3-67 所示。

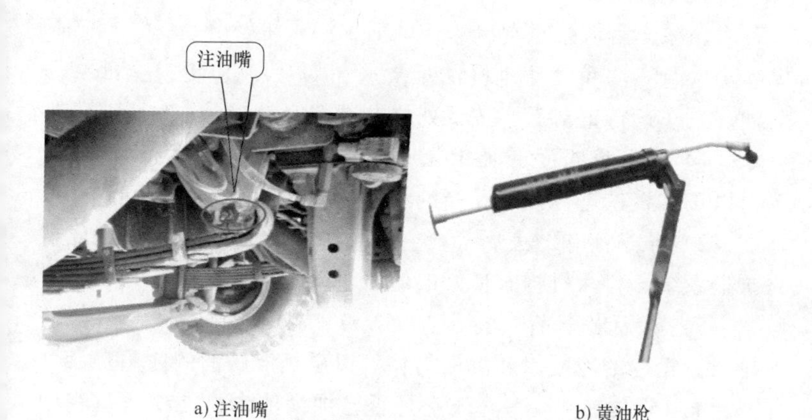

a) 注油嘴　　b) 黄油枪

图 3-67　加注润滑脂图示

底盘系统润滑点分布如图 3-68 所示。

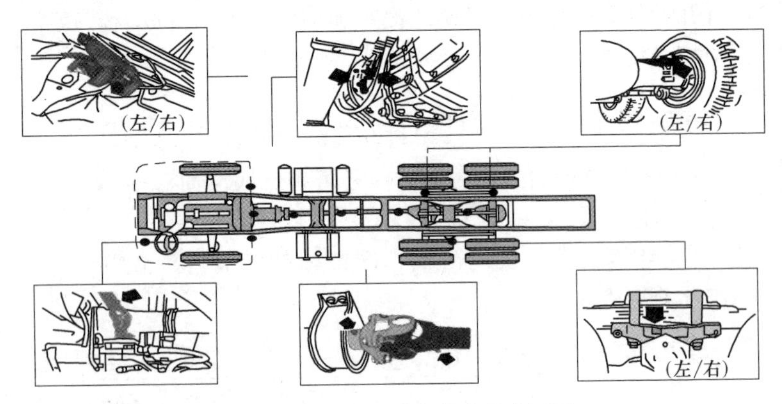

图 3-68 底盘系统润滑点分布图示

第 3-25 问 泵车日常保养需要注意哪些事项?

新泵车首次泵送混凝土 50h 后，必须更换分动箱、旋转马达、底盘三滤和发动机机油；泵送 300h 后，应更换全部液压油。泵车运行正常后，按下列要求进行保养：

1）当环境温度低于 15℃时，先以低速档位运行几分钟，再以正常档位进行预热，当油温达到 20℃以上后，方可施工。

2）泵送前和结束后都要空机泵送运行 5min 以上，以保证泵送系统、料斗机构有良好的润滑。

3）每天出车前（特别是冬天），打开液压油箱排污阀，排出油箱内的冷凝水和沉淀污垢，以延长液压油的使用寿命。

4）泵送前要检查洗涤室是否已加满清水；在泵送过程中和泵送结束后，要检查洗涤室水位和水质、水温变化情况，发现问题及时处理，以延长混凝土活塞密封体的使用寿命。

5）每天检查液压油油位，如发现油面低于最低油位刻度线，应立刻加注液压油。

6）每天泵送后必须将余料清理干净，每次洗完车后要检查S管内是否还有积料，以避免磨损S管或产生堵管现象。

7）每次洗完车后要检查眼镜板与切割环间隙，间隙偏大时应及时调整。

8）每天及时清除回转轴承机构中的砂石，并检查回转轴承螺栓和减速机固定螺栓是否有松动和断裂现象。

9）每半个月左右对各臂架、支腿及底盘润滑脂加注点加注润滑脂。

10）液压油及其滤芯要求每泵送500h或半年更换一次，如果发现液压油有乳化、变色等现象，应立即更换。

11）泵车泵送混凝土500h后，必须更换分动箱润滑油、旋转马达润滑油、底盘三滤和发动机机油。

第四篇

泵送操作及质量控制

本篇内容提要

本篇介绍了泵车司机（泵工）从施工现场勘察、布管到泵送全过程的操作和质量控制、环境与安全要求。对堵管的原因和防治办法进行了比较详细的介绍，泵送操作人员按本篇要求执行，对顺利完成泵送任务有很大帮助。

第4-1问　新开工工程泵工要提前去工地勘察什么？

1）看行车路线，选择最佳路线。

2）看工地基坑位置、场地平整情况、有无回填土，确定泵车停放位置。

3）看现场有无高压线，确定采用哪种泵机种类，如采用拖泵，还需估算布管方案和需要的泵管数量。

4）看现场有无洗车条件；罐车出现场时，门口有无冲洗轮胎的设施（如过水沟）。

第4-2问　确定泵车停放位置时应考虑哪些因素？

1）和基坑、高压线等保持安全距离，场地平整坚实，远离沟壑，工作环境安全。

2）道路通畅，便于设置循环行车道，有利于混凝土运输车进出和喂料。

3）离混凝土浇筑工作面尽可能近一些，泵车臂杆可覆盖工作面，以尽量减少移泵次数。

4）施工现场具备安全、方便而可靠的电源、水源、照明，且接近排水设施。

5）与其他机械及施工作业相互间的干扰小。

第4-3问　泵送管道有哪些种类？

泵送混凝土管道一般采用无缝钢管。按其用料可分为无缝高碳钢管、无缝高锰钢管、橡胶管；按耐压程度可分为低压管道（≤20MPa）、高压管道（≤30MPa）、超高压管道（≤40MPa）。泵管壁厚一般为4~7mm。

第4-4问 怎样选择混凝土输送管直径？常用管道规格有哪些？

混凝土输送管直径与混凝土粗骨料粒径有关，两者的关系见表4-1。

表4-1 混凝土输送管直径与粗骨料粒径的关系

粗骨料最大粒径/mm	输送管最小内径/mm
25	100（粗骨料最大粒径的4倍）
40	140（粗骨料最大粒径的3.5倍）

泵送混凝土管道及其配件的常用规格见表4-2。

表4-2 泵送混凝土管道及其配件的常用规格

序号	类别		单位	规　格
1	直管	管径	mm	100、125、150、175、200
		长度	m	4、3、2、1
2	弯管	水平角	（°）	15、30、45、60、90
		曲率半径	mm	500、1000
3	锥形管		mm	200→175、175→150、150→125、125→100
4	布料管	直径	mm	与主管道相同
		长度	mm	约600

第4-5问 怎样计算泵送管道的折算长度？

在计算输送距离时，泵送混凝土管道及其配件的折算长度可参考表4-3。

表 4-3 泵送混凝土管道及其配件在计算输送距离时的折算长度

序号	管道或配件种类	规格		折算为水平长度/m
1	向上垂直管(每米)	管径/mm	100	3
			125	4
			150	5
2	弯管(每个)β(图 4-1)	弯曲半径/mm	500	$12\beta/90°$
			1000	$9\beta/90°$
3	倾斜向上管(倾斜角为α,如图 4-1 所示)	管径/mm	100	$\cos\alpha+3\sin\alpha$
			125	$\cos\alpha+4\sin\alpha$
			150	$\cos\alpha+5\sin\alpha$
4	垂直向下及倾斜向下管(每米)	—		1
5	锥形管(每根)	锥径变化	R:175mm→ 150mm	4
			R:150mm→ 125mm	8
			R:125mm→100mm	16
6	软管(每段)	3~5m		20

注：R—曲率半径；β—弯管弯头张角，$\beta\leq 90°$。

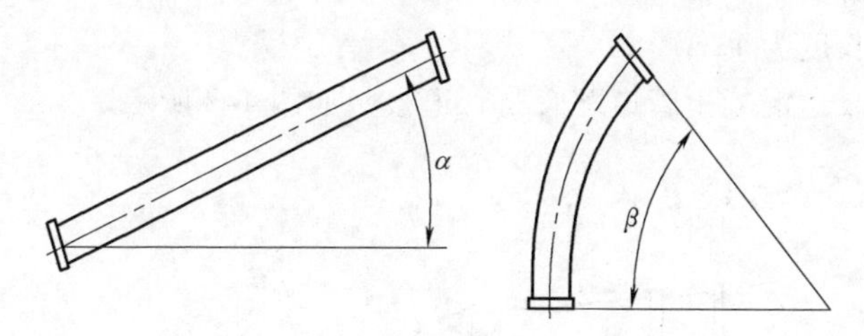

图 4-1 布管计算角度示意图

表中 $\cos\alpha$ 和 $\sin\alpha$ 是三角函数。例如，当管道与水平方向的夹角 $\alpha=30°$时，可查表 4-4 得：$\cos 30°=\sqrt{3}/2$；$\sin 30°=1/2$。

表 4-4　三角函数表

函数名称	角度（α）										
	0°	30°	45°	60°	90°	120°	135°	150°	180°	270°	360°
sin	0	1/2	$\sqrt{2}/2$	$\sqrt{3}/2$	1	$\sqrt{3}/2$	$\sqrt{2}/2$	1/2	0	-1	0
cos	1	$\sqrt{3}/2$	$\sqrt{2}/2$	1/2	0	-1/2	$-\sqrt{2}/2$	$-\sqrt{3}/2$	-1	0	1

例题 1　倾斜向上管，倾斜角为 30°，管径 125mm，管道长 12m，计算折算水平长度。

查表 4-3 中的序号 3 项，管径为 125mm 时，折算为水平长度的公式为 $\cos\alpha+4\sin\alpha$；倾斜角为 30°，查表 4-4 得，$\sin30°=1/2$；$\cos30°=\sqrt{3}/2$ 。

解：$12(\cos30°+4\sin30°)=12(\sqrt{3}/2+4\times1/2)\text{m}=12\times2.866=34.39\text{m}$。即折算水平长度为 34.39m。

例题 2　弯管 2 个，弯曲半径为 500，弯管弯头张角 $\beta=45°$，计算折算水平长度。

查表 4-3 中的序号 2 项，弯曲半径为 500mm 时，折算为水平长度的公式为 $12\beta/90$。

解：$2\times(12\beta/90)=2\times(12\times45/90)\text{m}=2\times6\text{m}=12\text{m}$。即折算水平长度为 12m。

泵送混凝土管道配管与管道接头如图 4-2 所示。

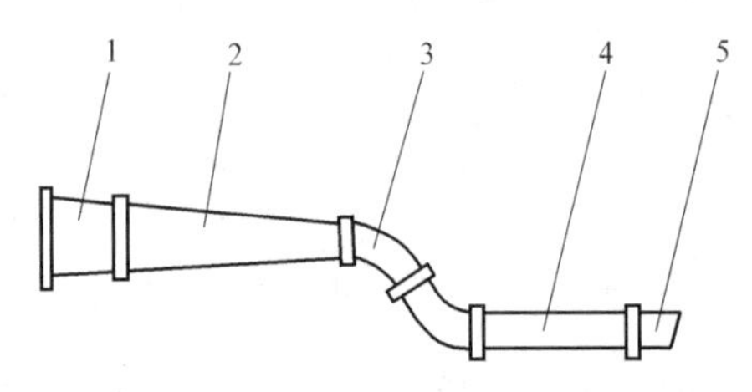

图 4-2　配管与管道接头示意图

1—出料口　2—锥形管　3—45°弯管　4—插管　5—125A 直管

第 4-6 问　布管的原则是什么？

1）尽可能缩短管线长度，少用弯管、锥管和软管，以降低泵送阻力，减少堵管的可能。

2）宜用标准直管、弯管和管卡，减少管件规格，提升配件互换性。

3）确保安全施工，便于管道清洗、排除故障和拆装维修。

4）管线应横平竖直，同一条管路中，应采用同一管径的输送管，防止出现管接头错台。同时采用新管、旧管时，新管应用于泵送压力较大处。

5）混凝土输送管道必须固定，防止泵送时管道振动，使关卡、密封圈过早失效而导致堵管。

6）对于垂直向下管路，出口处应设置防离析装置，预防堵管。

7）高层建筑泵送时，水平管路长度不应小于垂直管路长度的 15%，同时应在水平管路中接入截止阀。

8）由水平方向转向垂直方向的 90° 弯头，其曲率半径应大于 500mm。

9）混凝土泵出口处一般不使用弯管。

第 4-7 问　怎样垂直向上布管？

垂直向上布管，混凝土泵分配阀换向吸入混凝土（或停止泵送）时，垂直管中的混凝土拌合物在重力作用下，将对混凝土泵产生逆流压力（简称背压），垂直管的高度越高，则逆流压力越大。该逆流压力会使混凝土容积效率降低，影响混凝土泵的排量，造成混凝土离析而堵管。因此，在垂直向上布管时要设法克服逆流压力。具体做法如下：

1）当垂直高度较小（一般为高层建筑，即 100m 以下）

时，在垂直配管的下端与混凝土泵之间设置一定长度的水平管，一般垂直管与水平管的长度之比为5∶1，且水平管长度一般不宜少于15m，以便利用水平管中混凝土拌合物与输送管壁间的摩擦阻力来平衡逆流压力。

2）当垂直高度较高（即超高层建筑在100m以上）或受场地限制时，只靠设置水平管难以平衡逆流压力。此时，宜在输送管的锥形管和直通管之间设插板阀（也称插管），在停止泵送时插上插板以防止混凝土逆流，如图4-3所示。弯管要有牢固的基础，尽量不使混凝土泵的振动传递给垂直管，垂直管也须固定牢固，以免产生振动。

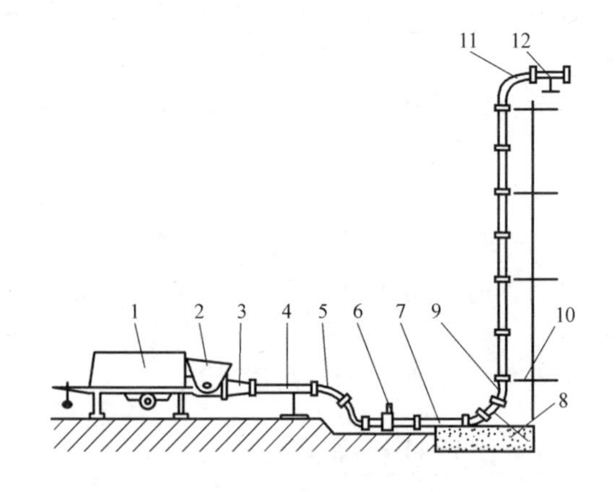

图4-3　垂直布管示意图

1—混凝土泵　2—料斗　3—出料口　4—锥管　5—45°弯管　6—插管　7—直管　8—基础　9—R1000mm45°弯管　10—竖管支架　11—R1000mm90°弯管　12—水平支架

3）当垂直向上泵送高度较高时，应把新的、无磨损的管子或管壁厚的管子配置在管路开始处，以防管内压力过高而引发事故。必要时检验壁厚，如管子长期使用磨损较大，在压力

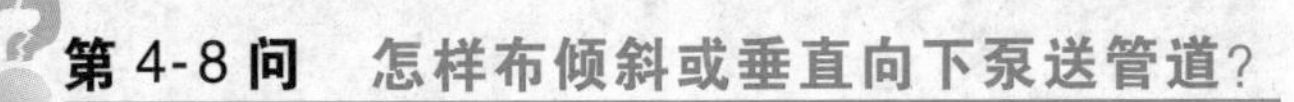

大处应一律更换新管。

第4-8问　怎样布倾斜或垂直向下泵送管道?

1）当配管的倾斜度大于4°~7°时，在倾斜管段内，大流动度的混凝土拌合物可能因自重而出现向下自流的现象，使输送管内出现空洞或自流产生混凝土离析而使输送管堵塞。为此，应在向下倾斜配管的前端设置相当于5倍落差以上的水平管段或3倍落差的软管，利用其摩擦阻力阻止混凝土的自流。

2）当配管的倾斜度大于7°~12°时，还应在下斜管的上端设置排气阀。在泵送过程中，如倾斜管段内存在空洞，应先打开排气阀泵送排气，当倾斜管段内充满混凝土，并开始从排气阀溢出砂浆时，再关闭排气阀，进行正常泵送。

3）当受场地条件限制，在向下倾斜管段的前端无足够场地布置水平管时，可用软管、弯管或环形管代替，以增大摩擦阻力，阻止向下倾斜管段内的混凝土自流。由于向下泵送混凝土时，混凝土的自流与坍落度关系密切，为防止出现向下自流，导致混凝土离析，大角度向下输送时，应在泵送开始时，在管路中装入海绵橡胶球或逆止阀。

第4-9问　对泵送管道的支撑设置有何要求?

混凝土输送管道的固定应可靠、稳定，须满足以下要求：

1）水平输送管路应采用支架固定，支撑应具有一定的离地高度，以便于排除堵管或清洗时拆管。

2）为克服泵送过程产生的振动，垂直管道必须与结构牢固地连接，不得支撑在脚手架上。每根垂直管应有两个或两个以上固定点，此外应用木楔等弹性材料与楼板穿洞口楔紧固定，如图4-4所示，以减少对混凝土结构的振动。

3）垂直管下端的弯管不得作为支撑点使用，宜设钢支撑承受垂直管重量，如图 4-5 所示。

a）垂直泵管穿过楼板

b）垂直泵管通过木楔与楼板固定

图 4-4　垂直泵管的固定

图 4-5　垂直泵管下端弯管固定图示

第 4-10 问　为什么泵送前要核查工地的准备情况和混凝土强度等级以及特殊技术要求？

因为工地的模板、钢筋如果没有通过监理的检查，混凝土提前到达施工现场，可能会等待很长时间，甚至会因为某一项目不合格而不能浇筑混凝土，导致混凝土在现场超时降级或报废，给混凝土公司带来不必要的损失。

为正确供应所需要求的混凝土，泵送人员必须与施工单位技术负责人核对所需混凝土强度等级及特殊技术要求（如早强、预应力、清水混凝土等），这些指标应与施工单位填写的生产委托单一致。检查无误后，方能向调度发出要料信号。

第4-11问　混凝土送到现场后要进行哪些检查？

1. 检查混凝土送料单

因为一个工地往往会有多个单位工程，混凝土运输车司机可能将其他栋号、品种的混凝土错送到此工地，造成错用混凝土，导致工程质量事故（以低强度等级的混凝土注入高强度等级结构中）或造成浪费。或者一个单位工程中可能有多个强度等级的混凝土同时浇筑，如柱子为C50、梁板为C30，如不注意可能将C30混凝土注入柱子模板中，这同样会酿成质量事故。因此，泵送前要检查混凝土送料单，当“送料单”混凝土强度等级及特殊技术要求与“施工用料委托单”、混凝土运输车上的“标识牌”三者一致时，方可卸混凝土，进行验料。

2. 其他检查

检查混凝土的和易性、坍落度、外观颜色，一些特殊混凝土，如自流平混凝土或泵送高度大于400m的工程，还要配合技术人员进行扩散度测定，确认无误后方可进行混凝土泵送。

第4-12问　为什么泵送混凝土前要泵水和砂浆？

泵送混凝土前，对泵机和管道润水和砂浆的作用有两个：第一，可检查泵机和管道中有无异物，管道接头是否严密；第二，用来水润湿料斗、活塞和管道，之后泵入的砂浆附在管道内壁上，可减小混凝土泵送阻力，防止堵管。润管砂浆为与混凝土内成分相同的水泥砂浆，水胶比一般为0.5~0.6，用量为

每延米泵送管道约 0.1m^3。

第 4-13 问　排放润管砂浆要注意什么？

泵机料斗、活塞和管道润水后，在料斗内还剩余一部分水时卸入砂浆，开始加入水中的水泥砂浆颗粒犹如在水中洗了个"澡"，表面没有水泥浆，这部分砂浆如果泵入模内，将会引发结构质量事故，导致楼板或墙柱结构下部没有强度，必须返工处理。当6层以上建筑泵送混凝土时，大部分采用拖式泵、车载泵，泵送人员仅一人，浇筑混凝土楼层的均为施工单位水泥工，很容易发生此类事故。因此，采用拖式泵、车载泵浇筑高层部位时，要加强对施工单位浇筑人员的监督检查，必须把稀砂浆排出结构外部，见到浓砂浆后再分散布入结构中。

第 4-14 问　什么是润管剂？

润管剂是用来代替水和砂浆，在泵送前对泵机、泵管进行湿润的一种新材料。如北京绿砼科技公司生产的润管剂，分为普通型和地泵专用型高效润管剂。地泵专用型润管剂的润管长度可达 200m 以上；每 500g 可代替 1.5～2m^3 砂浆，润管 100m。该产品为白色粉末，常温下润管剂：水＝1：100～1：120，采用机械或人工搅拌 3～5min 即可快速溶解，形成黏稠状溶液。为防止水分残留和使润管剂充分润滑管道，卸入泵斗前在进料口处放置一个海绵球，开启泵机低压低速泵送，待润管剂即将泵送完时卸入混凝土，用混凝土推着润管剂沿着管道前进，润管剂能在泵管内形成 1～2mm 的润滑层，有利于混凝土通过。泵管前端排出的极少润管剂残液可卸在模板外，因其量极少，且为碱性，即使混入混凝土拌合物中也无害。该产

品是绿色环保型产品，使用后还能使泵管壁耐磨性提高15%。

采用润管剂可减少润管砂浆用量，又省去了运送水和砂浆的车辆，降低了油耗，减少了环境污染。而且润管剂的成本低，约是砂浆的1/8，是一种值得推广的节能降耗产品。

第4-15问　混凝土入泵坍落度有什么要求？

混凝土入泵坍落度与泵送高度的关系见表4-5。

表4-5　混凝土入泵坍落度与泵送高度的关系

最大泵送高度/m	50	100	200	400	400以上
入泵坍落度/mm	100~140	150~180	190~220	230~260	
入泵扩散度/mm				450~590	600~740

第4-16问　开始泵送时要怎样操作？

1）开始泵送时，可能会遇到难以预料的复杂情况，因此要先慢速泵送，观察泵送系统运行状态；逐步加载进入正常状态。这也有利于延长设备使用寿命。混凝土泵可随时反泵，有利于快速处理可能出现的管路系统异常。

2）随时注意检查水箱或活塞清洗室中的水量，确保水量充足，如水量不足，则水温会升高，严重时会造成机械事故。

3）喂料时，料斗内物料位不得低于料斗内高度标志线。如低于标志线，则泵机和泵管内会吸入空气，引起“空气锁”，会增加活塞磨损，并导致管路堵塞，或可能在出口处形成混凝土高压喷射，造成人身安全事故。因此，不论是润管材料还是泵送混凝土，都必须注意保持合理料位。

第4-17问 为什么不可以用加水的方法来加大混凝土拌合物的流动性?

混凝土的强度和其中用水量有密切关系，一般混凝土拌合物中每多加1kg/m^{3}的水，混凝土28天抗压强度会降低1%。比如，C30用水量为175kg/m^{3}时，其28天强度是30MPa，如果再加入10kg/m^{3}的水，则混凝土28天强度大约下降10%，即只有27MPa，那么质量就不合格了。这是因为混凝土拌合物中多余的水分干燥后，在硬化混凝土中会形成许多孔隙，这就削弱了混凝土有效断面。因此，要严格控制用水量，不允许任何人往混凝土拌合物中加水。

第4-18问 混凝土坍落度过小难以泵送怎么办?

此时可在技术人员的指导下，用流化剂来加大混凝土拌合物的流动性。根据需要往罐车中加入适量与混凝土搅拌用相同系列的流化剂，罐车筒体快转约2min后，混凝土拌合物坍落度即可调整到需要的数值，随即泵送。注意：流化剂不可任意加入，因其过量时混凝土会离析，表面泛黄水，骨料与水泥浆分离，易造成堵泵。另外，不同种类的泵送剂搅拌的混凝土拌合物，使用的流化剂不能混用，如用聚羧酸型泵送剂（无色透明）搅拌的混凝土拌合物不能用萘系流化剂（棕色）来流化，否则混凝土会瞬间失去流动性。

第4-19问 为什么要规定混凝土拌合物在施工现场的停留时间?

水泥一遇到水就会开始进行水化反应，经过一定时间生成

的水化产物已经具有一定强度。如果混凝土拌合物迟迟不能入模，一方面其流动性会明显下降，即使用流化剂也难以恢复；另一方面已经生成的水化产物超过时间再入模振捣，其强度已经损失掉了一部分。根据一些混凝土公司的实测，普通萘系泵送剂搅拌的混凝土拌合物在常温下停留 2h 强度损失 9%；停留 4h 强度损失 13%；停留 6h 强度损失近 40%。因此《混凝土泵送施工规程》规定，混凝土拌合物在施工现场停留的时间一般不超过 2h。

第 4-20 问　怎样防止混凝土拌合物在施工现场停留超时？

泵机操作人员应担任混凝土生产单位在施工现场的调度员，为防止混凝土拌合物在施工现场停留超时，泵送人员要做到以下几点：

1）施工现场泵送工程中保持 1~2 台等待车辆即可，防止车辆积压，造成混凝土超时。

2）如实向调度报告工地浇筑混凝土实情，需要挪泵、拆装泵管或工地出现特殊情况时要及时报告调度。

3）如遇特殊情况，工地停留了多辆即将超时车辆，要协助调度将即将超时的车辆调走，防止造成混凝土浪费。

第 4-21 问　一个工程同时浇筑多个强度等级的混凝土或有特殊技术要求时要注意什么？

1）先浇筑高强度等级混凝土，再浇筑低强度等级混凝土。特别要注意浇筑楼板结构时，柱头（即柱子最上端，纵横梁交叉处）混凝土强度等级往往高于梁板结构，此处为“核心区”，是混凝土结构抗震的关键部位，不得将低强度等级混凝土筑入柱头。

2）高、低强度等级混凝土反复交叉浇筑时，要注意浇筑完低强度等级混凝土后，应将泵机和泵管内剩余的混凝土排净后，再浇筑高强度等级混凝土。否则，会酿成墙柱主要承重结构强度达不到设计强度引发的质量事故。为此，需要根据表4-6来估算管道中混凝土拌合物的数量。

例题 泵管直径为125mm，铺管长度为85m，估算管道内剩余的混凝土。

查表4-6，125mm管径每100m管道内混凝土量为1.5m^3，则85m管道内剩余的混凝土量为

$$85/100\times1.5m^3=1.275m^3$$

或查表4-7，125mm管径每m^3混凝土所占管道长度为75m，则管道内剩余的混凝土量为

$$85/75\times1=1.133m^3$$

两式估算量相近。

表4-6 泵送管道内混凝土拌合物的数量

泵管直径/mm	每100m管道内混凝土数量/m^3	每m^3混凝土所占管道的长度/m
100	1.0	100
125	1.5	75
150	2.0	50

第4-22问 混凝土布料的原则是什么？浇筑框架梁、竖向结构和梁板结构时应分别注意什么？

混凝土布料原则如下

1）先高后低。即先浇筑高强度等级混凝土，后浇筑低强度等级混凝土。

2）先竖后平。即在同一区域内先浇筑竖向结构，后浇筑水平结构。

3）先远后近。即由远至近浇筑混凝土，使布料、拆管和移动布料设备时不影响先洗筑混凝土的质量。

1. 浇筑框架梁时的注意事项

框架结构中梁与柱头的强度等级往往不一致，为确保高强度等级混凝土柱头强度，应在梁内距高强度等级的柱边缘四周向外延伸约1/2梁高的距离，应用钢丝网呈45°斜坡隔开，如图4-6所示。

a) 梁柱节点浇筑前梁内应加设隔网

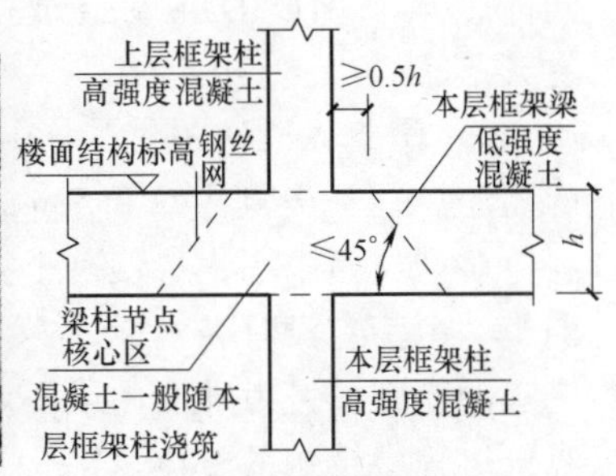

b) 高强度等级混凝土浇筑留搓示意图

图4-6　不同强度等级混凝土梁柱施工缝处理节点图

2. 浇筑竖向结构时的注意事项

1）浇筑竖向结构时，应采取减缓混凝土下料冲击的措施，混凝土不得直冲侧模板内侧面和钢筋骨架，以防止混凝土离析。

2）浇筑框架结构的柱子时，浇筑区域内每排柱子应由外向内对称地顺序浇筑，不宜由一端向另一端推进，以防柱子模板逐渐受推倾斜，严重时甚至会引发柱子向一侧倒塌的事故（俗称“推牌九”）。

3）柱子浇筑后，应间歇1～1.5h，待已浇筑的混凝土拌合物初步沉实后，再浇筑上面的梁板结构混凝土，以防止梁柱交界处产生横向裂纹。

4）柱施工缝留在板（底）下150mm处。

3. 浇筑梁板结构时的注意事项

1）浇筑楼板结构时，不得将混凝土集中泵送到一个地方，再用振动棒使混凝土流向远处。因为这样会使已绑扎好的上部钢筋骨架受压变形。尤其是阳台、雨篷等悬挑结构的上部，受力主筋可能会被压到下部而造成结构隐患。同时，集中堆放的混凝土过振后上部砂浆层过厚，楼板容易开裂。

2）浇筑无梁楼板结构时，应遵循先柱子、柱帽，后楼板的顺序。柱子浇至柱帽下50mm暂停，然后分层浇筑柱帽，下料应对准柱帽中心，待混凝土接近楼板底时，再连同楼板一起浇筑。由于它没有纵横梁的连接，在浇筑流向上时要采取对称浇筑的原则，可由外向内或由内向外对称浇筑，以确保混凝土浇筑过程中结构的整体稳定。

3）浇筑基础底板等大体积混凝土结构时，应分层浇筑，每层浇筑厚度宜控制在300～500mm，两层间的浇筑间隔时间不得超过混凝土初凝时间。

第4-23问　怎样判断混凝土初凝了？

常温下泵送混凝土的初凝时间为5～6h，但是，在室外阳光照射下初凝时间将缩短。用肉眼观察的方法是，当混凝土表面有一层薄膜，用手轻轻按混凝土不沾手，但还是软的，则此时混凝土为初凝，下层初凝后再浇筑上层混凝土，会影响两层混凝土间的结合。当混凝土表面按不动，颜色开始变浅时，混凝土已经终凝了。

第 4-24 问　由于各种原因需要中途停止泵送时应该怎么办?

1）遇到混凝土供应中断或施工需要临时中断时，应采取慢速和间歇正反泵方法，放慢泵送速度，每隔 4~5min 进行两个行程反泵，再进行两个行程正泵，以防止混凝土拌合物在泵管内结块或离析沉淀，造成管道堵塞事故。

2）如果中途需要停泵时间超过混凝土初凝时间，则应将混凝土泵送设备、管道中的混凝土拌合物全部清除出去，用清水洗泵后，等待再浇筑的命令。

3）混凝土浇筑中断超过其初凝时间后，再浇筑前需要在施工缝处铺一层与混凝土相同强度等级的去石砂浆，以增强两次浇筑混凝土的粘结。

第 4-25 问　怎样判断混凝土输送管道是否发生堵管?

1. 泵压升高

在正常情况下，如果每个泵送行程的压力高峰值随行程的交替而迅速上升，并很快达到设定的压力，正常泵送循环自动停止，则表明发生了堵塞。这时一般进行 1~2 个反泵循环就能排除故障。如几次循环后仍无效，表明已发生严重堵泵。若正泵操作不能反复多次进行，则说明堵泵更为严重。

2. 管道强烈震动

一般情况下，泵的出口到堵塞部位的管段会强烈振动，堵塞段后的管段则相对安静。

3. 敲击声不同

堵塞段的混凝土被吸动时有响声，堵塞段以外则无响声。敲打管道，堵塞段的声音发闷，堵塞段以外部位的声音则比较清亮。

第4-26问　混凝土泵送过程中发生堵管的原因一般是什么？

1）混凝土拌合物和易性不好、粘聚性差，坍落度过小；轻骨料、再生骨料搅拌前未预湿，吸水率过大，导致混凝土坍落度过小；外加剂严重泌水，导致混凝土离析。

2）混凝土拌合物中骨料级配不良，大骨料过多或没有将泵机料斗篦子上的大骨料或其他杂物及时清除掉，混入泵送管道内。

3）混凝土在泵送管道内停留时间过长，夏季超过初凝时间，混凝土结硬了；冬季混凝土在管道内冻结了。

4）安装前没有检查混凝土输送管道，管道内有残留混凝土硬块或管道磨损严重，漏浆。

5）泵送管道连接处未安放橡胶垫，或接头连接处漏气、漏浆，造成泄压，导致泵送压力下降和骨料堆积。

6）在垂直或倾斜管道处没有安装截止阀，泵送混凝土时管道内产生空气柱，造成堵泵。

7）泵机料斗内混凝土料位低于搅拌轴，吸入空气引起堵泵或混凝土喷射。

8）液压参数调整不当。

9）待料或停机时间长。

第4-27问　堵管有什么规律？

1）堵管多发生在输送管的弯管、锥形管、管接头或S阀处。

2）堵管多发生在长距离水平泵送或向下斜向泵送时，如不设插板，则下端弯管处易堵管。

3）混凝土离析，表面泛黄水，浆与骨料分离（离析）时，如勉强泵送，则很容易堵管。

第4-28问　堵管时应该如何处理？

1）泵机操作人员进行正反泵操作，其他人员沿输送管道寻找堵塞部位。一旦找到堵塞部位，进行正反泵操作同时，用木榔敲击该处，有可能恢复通畅；若无效，则立即拆除该段管道进行清洗。

2）如堵塞判断不准，也可进行分段清洗。若拆管发现管内混凝土开始凝结，应立即将所有管接头打开，快速清理管道及泵机，防止泵管报废。但拆管前必须将管内剩余压力降到零，方法是拧松管接头螺栓，轻轻摇动使管道卸压。找到堵塞处，反泵卸压，排出管内空气后，拆除管道，清除混凝土。清除的混凝土拌合物不要随便撒落在未浇筑的混凝土结构中，以免影响混凝土结构的整体质量。

第4-29问　怎样防止堵管？

堵管会给施工单位带来很大麻烦，需要拆管、清洗，再安装管道，严重影响了工程进度，同时也浪费了许多混凝土。因此，要尽量防止堵管的发生。应从下面几个方面来防止堵管：

1）严格控制混凝土所用骨料的级配、粒径，针片状含量不得大于15%，轻骨料和再生骨料要预湿。

2）对到达施工现场的混凝土要车车检查，如卸出后泥浆与骨料分离，浆水泛黄，则必须将混凝土退回返工处理，不得勉强泵送。

3）坍落度过小的混凝土必须在预拌混凝土技术人员的指导下进行流化处理，且要防止流化剂过多，导致混凝土离析堵泵。

4）泵送过程中要随时将泵斗篦子上的大骨料清除掉，防止其堵塞管道。

5）泵送管道在使用中，直管应定期旋转120°，弯管应定期旋转180°，使管道磨损均衡，延长其使用寿命。

6）布管时尽量减少弯头、胶管，定期检查泵管的壁厚，特别是泵车臂架倒数第二个弯管（此处泵送过程中除受到摩擦损耗外，还受到混凝土下料时的冲击）和高层建筑泵送管道弯管处的磨损情况，及时更换即将磨透的管道。

7）高层建筑的垂直管道和斜向管道要安装截止阀，防止停止泵送时混凝土反流产生空气柱，导致堵泵。

8）泵送前认真检查泵管接头是否严密，润管时检查泵管各部位有无漏水、漏浆；泵送过程中要随时检查泵压是否正常，发现异常及时处理。

9）泵机前端软管宜垂直安放，弯折易造成泵压升高而堵泵。

10）泵送过程中，如需要加接输送管道，应预先对新接管道内壁进行润湿，以减少泵送阻力。

第4-30问　冬季泵送施工要注意什么？

1）冬季气温较低时，刚起动的高压过滤器发信器处如为红色，则说明液压油温度低、黏度高，需要更换。

2）冬季泵管外部宜用保温材料包裹，减少混凝土在管道内的热损失，也可在泵送管道外部缠电阻丝加热管道。当气温特别低，泵送高层建筑时可采用热水润管，但要做好水、砂浆和混凝土供应衔接工作，防止物料在管道中冻结而造成堵泵。

3）严冬季节清洗混凝土输送管道时，要注意将管道内（尤其是水平管道内）的水排净，开始泵送前宜用喷灯预热水

平泵送管道，防止冰块堵塞管道。

4）冬季泵送操作人员要控制混凝土运输车在施工现场停留时间少于1 h，以防止混凝土受冻。

5）进入冬季和秋季施工时，可在洗涤室加注液压油，油与水的比例是1∶1，但注意洗涤水温不得超过30℃。

6）冬季浇筑完混凝土，泵送设备和管道清洗后，应把车上所有的水全部放尽，防止冻裂机件。

第4-31问 夏季泵送施工要注意什么？

1）夏季气温高，混凝土坍落度损失大，要做好泵送前的准备工作，加快泵送速度。大面积的楼板结构为防止混凝土开裂，有条件的情况下宜在夜间气温较低时施工。

2）夏季施工，泵送管道外部宜覆盖湿草袋，浇水降温，以减少混凝土拌合物坍落度损失。

3）夏季施工时，可以用长流水冲洗涤室，或在洗涤室中加少许肥皂，以降低洗涤室的温度。

4）雨天随时注意天气预报，大雨时停止泵送混凝土，雨停后要求施工单位清除结构中的积水和施工缝处的松动混凝土，铺设砂浆后方可继续泵送。

第4-32问 泵送即将结束时要做哪些工作？

1）应到浇筑部位与施工单位共同计算需要的混凝土数量，及时通知调度室，防止因待料而延误浇筑时间，影响混凝土浇筑质量；或混凝土剩余过多，造成无处卸料的困难，浪费混凝土和污染环境。

2）做好清洗泵送设备及管道的准备，泵车一般可采用通球法清管。如泵送管道比较长，则宜采用水洗的方法，此时需联系水车按时达到。

第4-33问　泵工施工记录应该包括哪些内容？

泵工施工记录应该包括以下内容：

1）工程名称、泵车进出施工现场时间（日、时）、浇筑混凝土部位、混凝土强度等级及特殊技术要求、数量，以便统计结算和发生质量事故时追溯。

2）如混凝土浇筑过程中出现模板塌方，或施工单位挪用混凝土到其他地方，要记录混凝土损失量，以便查找混凝土供应量不足的原因。

3）设备故障、修理情况以及需要下一班检修的事项。

第4-34问　泵工与搅拌站调度有哪些协作关系？

1）听从调度指令，按时到达施工现场。

2）到达施工现场后，将浇筑混凝土部位的钢筋、模板准备情况，以及与施工单位核实的混凝土强度等级、技术要求及数量等情况报告调度。

3）挪泵前应提前通知调度需要暂停混凝土供应的时间；工地发生停电、设备故障等特殊情况时，及时通知调度停止混凝土供应，并协助调度将现场多余混凝土调离到其他工地。

4）随时向调度报告施工现场泵送情况，以便调度及时调整混凝土供应速度，纠正混凝土供应不及时或现场积压车辆现象。

5）泵车发生设备故障时应及时通知调度，以便调度迅速通知设备部，派修理工到现场处理故障。

6）泵送即将结束，通知调度需要的混凝土数量和准备洗泵的水量。

7）负责将施工单位的“混凝土生产委托单”交首辆混凝

土运输车司机，转交调度室。

第 4-35 问　泵工与技术部门有哪些协作关系?

1）到达施工现场后，发现浇筑混凝土有预应力结构、悬挑结构、跨度大于 8m 大梁时，及时通知技术部门，以便重点监控。

2）协助技术部门检查到达施工现场的混凝土质量，拌合物坍落度不适宜的应需要调整，及时通知技术人员。

第 4-36 问　泵工与施工单位有哪些协作关系?

1）泵送前，与施工单位负责人核实浇筑部位、混凝土强度等级及特殊技术要求、混凝土数量；向项目经理收要“混凝土生产委托单”。

2）监督混凝土浇筑工，泵送前润管用砂浆不得泵入结构中，尤其是采用拖泵、车载泵时，更要事先提醒操作工，防止发生质量事故。

3）监督混凝土浇筑工，不得将混凝土集中布料在一处，防止引起钢筋变形。

4）两种强度等级的混凝土同时浇筑时，监督混凝土工不得将低强度等级混凝土注入柱及柱头中。

5）泵送过程中监督混凝土工，不得在混凝土拌合物中加水。

6）泵送过程中监督混凝土工，不得在泵车臂架下停留，防止被砸伤。

第 4-37 问　泵工与混凝土运输车司机有哪些协作关系?

1）负责核查混凝土运输车“送料单”和驾驶室前安放的

混凝土品种“标示牌”是否和施工单位签发的“混凝土生产委托单”一致，防止错浇混凝土。

2）负责将施工单位签发的“混凝土生产委托单”交由第一个到达施工现场的混凝土司机，转交搅拌站调度，以便调度再次核查混凝土型号，并交销售部门存档。

3）负责安排到达施工现场的车辆有序卸料。

第五篇

泵机的常见故障及其排除

本篇内容提要

本篇就混凝土拖泵的机械系统、液压系统、电气系统、发动机系统及混凝土泵车的机械系统、液压系统、电气系统、底盘常见故障的诊断与排除方法作了比较详细的介绍。根据本篇内容，操作人员能及时发现故障，初步判断其原因并报告修理部门，便于修理工及时携带相关零部件赶到泵送现场进行修理，缩短故障时间，确保泵送顺利进行。

第5-1问 拖泵泵送系统常见故障有哪些？其原因和排除方法是什么？

拖泵泵送系统常见故障一般有以下四种现象：①混凝土活塞寿命短；②眼镜板切割环异常磨损；③润滑脂分配阀指针不动作，各部件润滑不良；④闸板阀工作异常。各故障产生的原因及排除方法如下。

1. 活塞寿命短

（1）混凝土活塞高温水解

1）所采用的混凝土活塞材质可能不耐高温：应使用正规厂家的产品。

2）润滑不良：应疏通润滑管路。

3）活塞行程不到位：调整活塞行程。

4）洗涤室可能缺水：及时向洗涤室加注清水。

（2）洗涤室内进入砂石等异物　应清洁洗涤室，且要常换水。

（3）主液压缸与输送缸不同轴　调整同轴度。

（4）输送缸拉伤或镀层脱落　更换输送缸。

2. 眼镜板切割环异常磨损

（1）S管摆不到位

1）S管在料斗内被卡死：清洗料斗。

2）摆阀液压缸内泄：更换摆阀液压缸。

3）球面轴承严重磨损：更换轴承。

（2）橡胶弹簧损坏　更换橡胶弹簧。

3. 润滑脂分配阀指针不动作

（1）润滑脂泵损坏　拆下润滑脂泵的出脂口钢管进行检查，若润滑脂泵不出脂，则清洗或更换润滑脂泵。

（2）大、小轴承座以及搅拌轴套的各润滑点堵塞　此时，应依次拆卸大、小轴承座及搅拌轴，每拆一个摇动一次润滑脂泵，如发现拆下某润滑点再摇动润滑脂泵时工作正常，则表明该润滑点被堵死，应清洗该润滑点。

（3）片式分油器阻塞或损坏　拆卸片式分油器周围的抽脂管，摇动润滑脂泵，观察片式分油器出口是否依次出脂，若某一点不出脂，则表明片式分油器损坏，应对片式分油器进行清洗或予更换。

4. 闸板阀工作异常

（1）闸板无力不到位　检查闸阀液压缸是否能达到额定压力；若不正常，则需对液压系统进行排查与维修。

（2）润滑不良　检查各润滑点是否正常，若不正常，则进行清洗疏通。

（3）润滑密封件损坏或磨损　若检查滑阀密封件，如果有损坏或磨损，应立即更换。

（4）闸板磨损严重　更换闸板。

第5-2问　拖泵液压系统常见故障有哪些？其原因及排除方法是什么？

拖泵液压系统常见故障及其原因和排除方法见表5-1。

表 5-1 拖泵液压系统常见故障及其原因和排除方法

故障名称	原因	排除方法
主系统无压力或主系统压力不能达到设定值	1. 主系统溢流阀的电磁换向阀"不得电"或发"卡" 2. 主系统溢流阀插装阀阀芯卡在开启位置或密封面磨损 3. 主系统液压泵控制块故障，排量调节阀芯(恒功率阀、电磁比例阀、恒压阀)卡在小排量控制位置	1. 检查线路或更换故障电磁阀 2. 清洗、研磨或更换故障插装阀 3. 应清洗、研磨、更换故障阀芯或更换故障控制块
泵送系统不换向(主系统压力正常)	1. 主液压缸换向信号传输通道或发信装置(压差感应发信器或位移感应发信器等)故障 2. 换向先导电磁阀"不得电"或发"卡" 3. 主系统换向阀或摆阀液压缸系统换向阀阀芯发"卡"或损坏	1. 维修线路、油路，更换发信装置 2. 维修线路，清洗或更换换向先导阀 3. 更换主系统或摆阀液压缸系统换向阀
低压泵送时行程变短	1. 主液压缸内泄，无杆连通腔液压油泄漏到回油侧有杆腔 2. 主换向阀泄漏，主系统液压油泄漏到液压缸无杆连通腔 3. 无杆腔连通阀控制油泄漏到液压缸无杆腔 4. 主液压缸的限位液压缸泄漏，限位液压缸内的液压油泄漏到无杆连通腔 5. 主液压缸补油泄油路异常	1. 更换主液压缸密封件 2. 检修或更换主换向阀 3. 检修或更换无杆腔连通阀 4. 检修、更换限位液压缸密封件 5. 检修补油泄油路
高压泵送时行程变短	1. 主液压缸内泄，有杆连通腔液压油泄漏到回油侧无杆腔 2. 主换向阀泄漏，主系统液压油泄漏到液压缸有杆连通腔 3. 有杆腔连通阀控制油泄漏到液压缸有杆腔 4. 主液压缸补油泄油路异常	1. 更换主液压缸密封件 2. 更换主换向阀 3. 检修或更换有杆腔连通阀 4. 检修补油泄油路

（续）

故障名称	原因	排除方法
泵送系统乱换向	1. 液压缸行程到位发信器（压差、压力、位置感应发信器等）损坏 2. 压差、压力型发信器在大负载或负载剧烈变化时发信 3. 摆阀系统换向阀控制油路异常（如先导阀、泄油阀内阻尼孔堵塞） 4. 摆阀液压缸换向阀或其先导阀阀芯发“卡”	1. 更换发信器 2. 降低泵送排量，更换发信器 3. 检修控制油路（如清洗阻尼孔） 4. 检查、清洗或更换摆阀液压缸换向阀或其先导阀
系统换向憋压（换向压力高）	1. 控制油路阻尼孔堵塞或孔径偏小 2. 控制油路顺序阀调定压力过高 3. 控制油源异常（如蓄能器压力不足，升压时间过长）	1. 清洗阻尼孔 2. 调低顺序阀压力 3. 检修油源
摆阀液压缸换向无力	1. 蓄能器气囊损坏或氮气压力不够 2. 摆缸换向阀的内控内泄螺塞脱落 3. 以蓄能器为油源的液压元件有泄漏 4. 摆阀液压缸换向液压泵磨损或损坏 5. 摆阀液压缸内泄	1. 检查气囊，补充氮气 2. 检查换向阀，加装螺塞 3. 逐个断开各元件，观察蓄能器压力下降情况，排查泄漏点，更换泄漏元件 4. 检修或更换液压泵 5. 更换摆阀液压缸密封或更换摆阀液压缸
闸板阀不同步	1. 闸板缸位置调整用截止阀泄漏 2. 闸板缸连通腔内空气未排尽 3. 闸板缸内泄	1. 更换截止阀 2. 调整两缸，同时退到底，排尽空气 3. 更换密封件
液压泵发出异响	1. 液压油不够 2. 吸油阀关闭或半开 3. 吸油过滤器堵塞 4. 吸油器抱箍未拧紧或有针孔漏气 5. 液压泵损坏	1. 添加液压油至标准油位 2. 检查确认吸油阀全开 3. 检查吸油过滤器，清洗或更换 4. 拧紧抱箍；检查吸油路，有渗油处则更换管道 5. 检查液压泵所在油路内的高压过滤器或回油过滤器，如有大量铜粉或铁粉，可确认液压泵损坏，应更换液压泵

（续）

故障名称	原因	排除方法
管路异响	1. 管夹松动，钢管长距离悬臂振动 2. 钢管、钢制管夹与其他件干涉	1. 紧固，增加管夹数量 2. 仔细观察管路与其他件的间隙，确保振动时不碰到
溢流阀啸叫	直动式溢流阀弹簧抖动	调整压力，打磨或更换弹簧
液压油温度异常升高	1. 散热功率变小，其原因如下 (1) 液压油不够 (2) 灰尘等脏物堵塞散热器翅片间隙 (3) 风扇不转，可能原因是 1)风扇电动机控制电路断电 2)液压马达控制油路不通 3)温度信号异常 (4) 风扇转速低于设计值，可能是电动机老化或内泄 (5) 风扇旋向错误，可能是电路(油路)接错 2. 发热功率变大 (1) 主要液压元件(如液压缸、马达、阀、液压泵)内泄 (2) 正常工作时溢流阀溢流	1. 散热功率变小时 (1) 添加液压油至标准油位 (2) 用压缩空气吹掉散热器翅片缝隙内的灰尘或清理缝隙内的黏附物 (3) 风扇不转故障的排除方法 1)检修电路 2)检查油路 3)检查线路或更换温度传感器 (4) 及时更换电动机 (5) 重新连接电路(油路) 2. 发热功率变大时 (1) 更换密封件或磨损的零件 (2) 调高故障溢流阀的溢流压力或更换溢流阀

第5-3问　拖泵电子控制系统常见故障有哪些？

拖泵电子控制系统的常见故障：①主回路无电（电动机）；②控制回路无电（电动机）；③控制回路无电（柴油发动机）；④主电动机无法起动；⑤电动机过热；⑥柴油发动机无法起动；

⑦柴油发动机调速异常；⑧正/反泵异常；⑨排量调节异常；⑩搅拌异常；⑪风冷电动机不转；⑫显示器显示异常。

第5-4问　主回路无电（电动机）的原因是什么？怎么排除？

主回路无电一般有三个方面的原因，排除方法如下：

（1）断路器损坏　检查断路器连线端是否烧坏，进行修复或更换；若断路器不能合闸，则更换断路器。

（2）断路器跳闸　检查外部线路线径是否过小；检查内部电路是否短路；检查电动机是否进水。

（3）接触器线圈、触头损坏　检查接触器线圈是否短路、断路；检查接触器触头是否烧坏，若烧坏，则修复或更换接触器。

第5-5问　控制回路无电（电动机）的原因是什么？怎么排除？

控制回路无电（电动机）一般有四个方面的原因，排除方法如下：

（1）单极断路器损坏　检查断路器接线端是否烧坏，若烧坏，则修复或更换单极断路器。

（2）单极断路器跳闸　检查线路，正常后合上开关。

（3）开关电源自保护线路短路、过载。

（4）开关电源损坏　检查开关电源输入电压是否正常或短路，检查开关电源输出是否正常，修复或更换开关电源。

第5-6问　控制回路无电（柴油发动机）的原因是什么？怎么排除？

控制回路无电（柴油发动机）一般有四个方面的原因，

排除方法如下：

（1）电源开关损坏　检查电源开关触头是否烧坏，若损坏，则更换电源开关。

（2）单极断路器损坏　检查断路器接线端是否烧坏，若烧坏，则更换单极断路器。

（3）单极断路器跳闸　检查线路是否短路、过载。

（4）蓄电池亏电　对蓄电池充电或更换蓄电池。

第5-7问　主电动机无法起动的原因是什么？怎么排除？

主电动机无法起动一般有六个方面的原因，排除方法如下：

（1）主电动机处于紧急停止状态　解除急停按钮。

（2）按钮开关损坏　检查按钮开关是否进水或接触不良，更换按钮开关。

（3）相序错误　调换相序。

（4）控制器输入点或输出点损坏　检查控制器输入、输出点是否烧坏，如是则更换控制器。

（5）中间继电器线圈、触点损坏　检查中间继电器线圈是否短路，触点是否烧坏，修复或更换中间继电器。

（6）线路接触不良　检查星型/三角型、软起动接线是否正确。

第5-8问　电动机过热的原因是什么？怎么排除？

电动机过热一般有两方面的原因，排除方法如下：

（1）三相不平衡　检查外部电源或接线方式，确保无异常。

（2）电动机异响　检查电动机是否卡滞或有异物干涉，

修复或更换电动机。

第5-9问　柴油发动机无法起动的原因是什么？怎么排除？

柴油发动机无法起动一般有六个方面的原因，排除方法如下：

（1）柴油发动机处于紧急停止状态　关闭急停按钮。

（2）按钮开关损坏　检查按钮开关是否进水或接触不良，更换按钮开关。

（3）机油压力低　检查机油压力传感器是否损坏，若损坏，则更换机油压力传感器。

（4）水温高　检查水温传感器是否损坏，若损坏，则更换水温传感器。

（5）停车电磁铁损坏　检查停车电磁铁是否得电或损坏，若损坏，则更换停车电磁铁。

（6）线路接触不良　检查线路并进行修复。

第5-10问　柴油发动机调速异常的原因是什么？怎么排除？

柴油发动机调速异常一般有六个方面的原因，排除方法如下：

（1）液压油温度过高　检查温度传感器是否损坏，若损坏，则更换温度传感器。

（2）步进电动机异常　检查步进电动机的连接装置，确保装置无异常，步进电动机损坏时须予以更换。

（3）步进电动机驱动器损坏　检查步进电动机驱动器电压是否正常，若不正常，则更换步进电动机驱动器。

（4）测速异常　检查测速发电机及测速线路。

（5）怠速过高　调节节气门拉索机构，使怠速降到800 r/min

以下。

（6）线路接触不良　检查线路并进行修复。

第5-11问　正/反泵异常的原因是什么？怎么排除？

正/反泵异常一般有五个方面的原因，排除方法如下：

（1）按钮开关损坏　检查按钮开关是否进水或接触不良，更换按钮开关。

（2）检查控制器输入点或输出点是否烧坏　更换控制器。

（3）液压油温过高　检查温度传感器是否损坏，若损坏，则更换温度传感器。

（4）机油压力高　检查机油压力传感器及其线路。

（5）线路接触不良　检查线路并进行修复。

第5-12问　排量调节异常的原因是什么？怎么排除？

排量调节异常一般有五个方面的原因，排除方法如下：

（1）按钮开关损坏　检查按钮开关是否进水或接触不良，更换按钮开关。

（2）控制器输入点或输出点损坏　检查控制器输入点或输出点是否烧坏，若是则更换控制器。

（3）液压油温过低　对液压油进行预热。

（4）温度传感器损坏　检查温度显示是否与实际温度一致，若不一致，则更换温度传感器。

（5）电比例阀线圈损坏　检查电比例阀线圈及线路是否损坏，若损坏，则更换电比例阀。

第5-13问　搅拌异常的原因是什么？怎么排除？

搅拌异常一般有三个方面的原因，排除方法如下：

（1）筛网打开　闭合筛网。

（2）搅拌电磁阀损坏　检查搅拌电磁阀线圈及线路是否损坏，修复或更换损坏的搅拌电磁阀。

（3）搅拌反转压力传感器损坏　检查搅拌反转压力传感器及线路是否损坏，更换损坏的压力传感器。

第 5-14 问　风冷电动机不转的原因是什么？怎么排除？

风冷电动机不转一般有两个方面的原因，排除方法如下：

（1）电动机损坏　更换电动机。

（2）断路器跳闸　检查断路器是否短路、过载，排除故障后合上断路器。

第 5-15 问　显示器显示异常的原因是什么？怎么排除？

显示器显示异常一般有三个方面的原因，排除方法如下：

（1）显示器损坏　更换显示器。

（2）显示器黑屏、白屏、死机　① 检查线路；② 若显示器程序损坏，则升级程序。

（3）显示器与控制器无法通信　检查通信线路或程序版本是否匹配。

第 5-16 问　拖泵发动机的常见故障有哪些？

拖泵发动机的常见故障：①发动机起动不了；②发动机起动困难；③发动机功率下降，工作不正常；④排气管冒蓝烟或黑烟；⑤发动机过热，这时温度计指在红色区域，发动机立即停车；⑥发动机机油压力太低；⑦柴油发动机负载时排烟过浓；⑧柴油发动机负载时达不到额定转速。

第5-17问 发动机起动不了的原因是什么?怎么排除?

发动机起动不了一般有五个方面的原因，排除方法如下：

（1）蓄电池亏电或故障　检查蓄电池电压是否正常。

（2）电气系统的电缆接头松动或断路　检查各线路连接接头是否松动或电路是否断路。

（3）起动机故障　检查起动机转速是否正常、齿轮啮合是否正常。

（4）停车电磁阀故障　通电检查电磁阀是否有吸合动作。

（5）输液泵的带断裂或内部卡滞、损坏　检查或调整带的松紧度，若正常则拆解输液泵；检查限压阀本体阀座是否磨损、弹簧是否失效以及转子是否卡滞。

第5-18问 发动机起动困难的原因是什么?怎么排除?

发动机起动困难一般有五个方面的原因，排除方法如下：

（1）蓄电池亏电，起动机转速不够　检查蓄电池电压是否正常；检查起动机转速是否正常、齿轮啮合是否正常。

（2）油路进气导致供油不畅　检查油箱油位是否正常；采用“打点滴”的方式检查低压油路及接头有无破裂或漏气；检查吸油管是否漏气。

（3）回油单向阀故障　对单向阀进行吹气，若可轻松吹开，则单向阀损坏。

（4）燃油滤清器堵塞　拆卸滤清器对滤芯进行检查，判断滤芯是否堵塞。

（5）输液泵故障　拆检输液泵，检查限压阀本体阀座是否磨损、弹簧是否失效以及转子是否卡滞。

第5-19问　发动机功率下降，工作不正常的原因是什么？怎么排除？

发动机功率下降，工作不正常一般有六个方面的原因，排除方法如下：

(1) 进、排气阻力大　检查空气滤芯是否堵塞，并清理或更换；检查排气管是否积炭堵塞，并清理或更换；检查消声器是否积水或堵塞。

(2) 进气量不足　检查进气连接管路卡箍是否松动，管路是否存在漏气现象。

(3) 供油不畅　检查油水分离器、燃油精滤器是否堵塞；检查低压油路各管路接头是否松动漏气；检查油路管路是否存在压扁或折弯。

(4) 增压器故障　用手指拨动转子，检查其转动是否灵活；检查叶片是否破损。

(5) 增压器补偿器故障　检查增压补偿管的两端接头是否断裂、漏气。

(6) 柴油发动机缺缸　采用断缸法进行检查，若有故障，则进行柴油发动机大修。

第5-20问　排气管冒蓝烟或黑烟的原因是什么？怎么排除？

1. 冒蓝烟的原因及排除方法

1) 机油油位过高或牌号不对：检查机油尺，确保机油量在上、下刻度之间，加注符合发动机厂家规定的机油。

2) 涡轮增压器油封故障：检查涡轮增压器外壳及其与排气管连接处是否漏油。

3）曲轴箱通风管堵塞：检查曲轴通风管的出口排气是否正常。

4）活塞环磨损、装反或活塞和缸套的配合间隙过大：观察机油消耗是否明显增大。

5）气门油封损坏：拆开气门室盖，拆检气门油封。

2. 冒黑烟的原因及排除方法

1）空气滤清器堵塞：取出滤芯，观察滤清器是否有大量粉尘、杂质颗粒，对滤芯进行清理或更换。

2）增压后进气管松动、损坏、漏气：检查管路是否松动或有高频尖锐噪声。

3）排气管阻力大　检查排气管路和消声器内部是否积炭严重或存在堵塞现象。

4）单体泵喷油压力低或喷雾不良　逐一断缸排查，拧松高压油管，观察是否仍然有黑烟；检查喷油器喷嘴雾化质量。

5）活塞、缸套磨损　拆检活塞环与缸套的配合间隙，观察缸套是否磨损严重。

第5-21问　发动机过热，温度计指在红色区域的原因是什么？怎么排除？

（1）冷却液不足　补足冷却液。

（2）散热器被灰尘堵塞　用压缩空气或低压水枪清洗散热器外翅片。

（3）水泵故障　检查水泵驱动带是否松动，并调整/拆解水泵，检查其是否损坏。

（4）风扇驱动带故障　检查驱动带是否松动并予调整。

（5）节温器故障　检查节温器工作是否正常，判断大循环是否开启。

第5-22问　发动机机油压力太低的原因是什么？怎么排除？

（1）机油不足　补充机油。

（2）机油管路泄漏　检查增压器压力润滑油管是否存在漏油现象。

（3）机油压力传感器故障　拆检机油压力传感器是否损坏。

（4）机油液压泵、集滤器故障　拆卸油底壳，检查集滤器管路是否堵塞或断裂。

第5-23问　柴油发动机负载时排烟过浓的原因是什么？怎么排除？

（1）发动机与液压泵功率不匹配，过载　调节主液压泵恒功率点，降低功率和排量。

（2）空气滤清器堵塞　检查空气滤芯是否堵塞，清理或更换空气滤芯。

（3）中冷器管路松动、损坏、漏气　检查中冷器连接管路是否松动或有高频尖锐气流声。

（4）排气管阻力大　检查排气管是否积炭堵塞，消声器是否积水或堵塞。

（5）单体泵喷油压力低或喷雾不良　逐一断缸排查，拧松高压油管，观察是否仍然有黑烟，检查喷油器喷嘴雾化质量。

（6）活塞、缸套磨损　拆检活塞环和缸套的配合间隙，观察缸套是否磨损严重。

第5-24问　柴油发动机负载时达不到额定转速的原因是什么？怎么排除？

（1）设备过载　降低主液压泵恒功率点至发动机最大功

率以下。

（2）节气门机构或步进电动机发卡　通电检查节气门机构摆臂是否可正常到达最大角度。

（3）转速传感器测速不准或程序错误　拆检转速传感器是否损坏、控制程序是否运行正常。

（4）喷油器故障　检查喷油器喷嘴雾化质量。

（5）增压器故障　用手指拨动转子，检查其转动是否灵活，叶片是否破损。

（6）进气管路密封不严　检查进气管，增压中冷管是否有破损，卡箍是否松动。

（7）进气管、中冷器、排气管阻塞　检查并清理空气滤芯，检查进气管路是否吸瘪，卡箍是否松动，管路是否存在漏气现象，消声器内是否积水或沉积物过多。

第5-25问　泵车机械系统常见故障有哪些？

泵车机械系统的常见故障：①转台异响；②臂架异响；③前支腿伸缩异响；④混凝土活塞寿命短；⑤眼镜板切割环异常磨损；⑥堵管；⑦分动箱无法切换；⑧分动箱抖动大、噪声大；⑨整车振动大；⑩润滑脂分配阀指针不动作，各部件润滑不良；⑪支腿不能打开和收拢。

第5-26问　转台异响的原因是什么？怎么排除？

（1）销轴润滑不良或油道堵塞　从销轴加油口加注规定牌号的润滑脂，若加注不畅，则拆卸，疏通销轴油道或更换销轴，并加注润滑脂。

（2）销轴或轴承异常磨损　从销轴加油口加注润滑脂，若加注不畅，可拆下销轴、轴承。若磨损严重则更换轴承，并加注规定牌号的润滑脂。

(3) 回转机构齿轮润滑不良　臂架旋转过程中若齿轮异响，则在齿轮处加注规定牌号的润滑脂。

第5-27问　臂架异响的原因是什么？怎么排除？

(1) 销轴润滑不良或油道堵塞　从销轴加油口加注规定牌号的润滑脂，并大幅度收展臂架3~5次。若加注不畅，则拆卸、疏通销轴油道或更换销轴，并加注润滑脂。

(2) 销轴或轴承异常磨损　更换销轴、轴承，并加注规定牌号的润滑脂。

第5-28问　前支腿伸缩异响的原因是什么？怎么排除？

(1) 伸出臂与滑道顶板摩擦　调节伸出臂末端的滚轮高度，使滚轮高出伸出臂顶板。

(2) 伸出臂与滑道底板摩擦　调节滑道出口处的滚轮高度，使滚轮高出滑道底板。

(3) 滚轮卡死　加注润滑脂，若加注不畅，则拆下滚轮，清洗油道后重新加注润滑脂。

(4) 伸出臂与滑道侧板偏磨（链条驱动支腿）　调整左、右驱动链条的松紧程度，使两侧驱动同步。

以上故障通过在滑道与伸出臂之间加润滑脂均可清除或减小异响。

第5-29问　混凝土活塞寿命短的原因是什么？怎么排除？

(1) 混凝土活塞高温水解　①混凝土活塞材质不耐高温，应使用正规厂家的混凝土活塞；②润滑不良，疏通润滑油道；③活塞行程不到位，调整活塞行程；④洗涤室缺水，及时加注清水。

（2）洗涤室内进入砂石等异物　清洁洗涤室，常换水。

（3）主液压缸与输送缸不同轴　调整同轴度。

（4）输送缸拉伤或脱落　更换输送缸。

第5-30问　眼镜板切割环异常磨损的原因是什么？怎么排除？

（1）S管摆不到位　①S管被异物卡死，应清除异物；②摆阀液压缸内泄，应更换摆阀液压缸；③球面轴承严重磨损，应更换轴承。

（2）橡胶弹簧损坏　更换橡胶弹簧。

（3）泵送特殊混凝土　使用特制眼镜板、切割环。

第5-31问　分动箱无法切换的原因是什么？怎么排除？

（1）底盘档位挂错　确保进行泵送时，将行驶切换底盘保持空档。

（2）线路或气阀故障　检查气阀电控线路信号，重新接线或更换电气元件。

（3）气缸漏气　检查气缸活塞和密封圈，若已损坏，则更换密封件。

（4）气阀漏气　检查电磁阀芯是否变形，若变形，则更换气阀；若未变形，则进行两次手工换向，如恢复正常，则属杂质引起的漏气且已消除；如仍有发卡或漏气现象，则更换气阀。

（5）切换齿轮打齿　更换齿轮或修理受损的齿形。

（6）拨叉、拨叉杆变形　更换拨叉、拨叉杆。

第5-32问　分动箱抖动大、噪声大的原因是什么？怎么排除？

（1）传动轴安装错位，动平衡块脱落　校正传动轴平衡，并按照箭头指示安装，或更换传动轴。

（2）分动箱齿轮磨损　及时更换齿轮。

（3）轴承损坏、滚子、滚道磨损　更换轴承。

（4）分动箱安装角度过大　重新调整分动箱挂架及安装角度。

第5-33问　整车振动大的原因是什么？怎么排除？

（1）摆阀液压缸换向冲击过大　减小“换向缓冲参数设置”中的缓冲时间。

（2）摆阀四通阀缓冲效果差　在先导阀至摆阀四通阀之间增加阻尼。

（3）摆阀液压缸缓冲效果差，单项结流缓冲结构节流孔过大、单向阀发卡不能关闭；间隙缓冲结构间隙过大　①减小节流孔，清洗或更换单向阀；②更换缓冲零部件，减小间隙。

（4）主液压缸缓冲效果差，缓冲发信装置故障　检查、修复发信装置及编号传输通道。

（5）串联主液压缸不同步引起撞缸

1）原因分析：①前置信号阀低压打泵液压缸连通腔油过多；②高压打泵液压缸连通腔油过少；③后置信号阀低压打泵液压缸连通腔油过少；④高压打泵液压缸连通腔油过多。

2）排除方法：①串联主液压缸连通腔油过多时减少补油量，增大泄油量，油过少时增大补油量，减少泄油量；②对于液压缸补油系统，更换连通腔补油路和泄油路内的阻尼孔；③对于阀路补油系统，调整补油时间，如时间过短则更换补油路内的阻尼孔。

（6）出料不连续引起臂架振动大

1）调整泵送排量，使换向次数避开臂架共振区。

2）缩短主液压缸及摆阀液压缸的换向时间。

第5-34问　润滑脂分配阀指针不动作，各部件润滑不良的原因是什么？怎么排除？

（1）润滑脂泵损坏　拆下并检查润滑脂泵的出脂口钢管，若润滑脂泵不出脂，则清洗或更换润滑脂泵。

（2）大、小轴承座以及搅拌轴承各润滑点堵塞　依次拆卸大、小轴承座，搅拌轴的各润滑点，每拆一个摇动一次润滑脂泵，如发现拆下某润滑点再摇动润滑脂泵时工作正常，则说明该润滑点被堵死，应清洗该润滑点。

（3）片式分油器阻塞或损坏　拆卸片式分油器出脂管，摇动润滑脂泵，观察片式分油器出口是否依次出脂，若某一点不出脂，则表明片式分油器堵塞或损坏，应对片式分油器进行清洗或更换。

第5-35问　支腿不能打开和收拢的原因是什么？怎么排除？

（1）展开液压缸内泄　检查油压表，压力低时，更换展开液压缸密封或整个液压缸。

（2）销轴、轴承润滑不良　试着注入润滑脂，若加注不畅，则拆卸支腿轴、轴承，清洗脂道，并重新加注润滑脂。

（3）支腿轴、轴承卡死　更换支腿轴、轴承。

（4）轴挡板、液压缸销轴损坏　更换轴挡板、液压缸销轴。

第 5-36 问　泵车液压系统常见故障有哪些?

泵车液压系统的常见故障：①主系统无压力或压力不能达到设定值；②泵送系统不换向（主系统压力正常）；③低压泵送时行程变短；④高压泵送时行程变短；⑤泵送系统乱换向；⑥主系统换向憋压（换向压力高）；⑦摆阀液压缸换向无力；⑧闸板阀不同步；⑨臂架只能单向旋转；⑩臂架与支腿均无动作；⑪臂架动作、臂架回转及支腿动作中某一个不能动作，其余正常；⑫臂架动作慢；⑬臂架掉臂；⑭支腿收回慢；⑮液压泵异响；⑯管路异常；⑰溢流阀啸叫；⑱液压油温度异常升高；⑲摆缸无力

第 5-37 问　主系统无压力或压力不达标的原因是什么？怎么排除?

（1）主系统溢流阀的电磁换向阀不得电或发卡　检查线路或更换故障电磁阀。

（2）主系统溢流阀插装阀阀芯卡在开启位置或密封面磨损　清洗、研磨或更换故障插装阀。

（3）主系统液压泵控制块故障，排量调节阀芯（恒功率阀、电磁比例阀、恒压阀）卡在小排量控制位置　清洗、研磨、更换故障阀芯或更换故障控制块。

第 5-38 问　泵送系统不换向（主系统压力正常）的原因是什么？怎么排除?

（1）主液压缸换向信号传输通道或发信装置故障　检修线路、油路，更换发信装置。

（2）换向先导电磁阀不得电或发卡　清洗或更换换向先导阀。

（3）主系统换向阀或摆阀液压缸系统换向阀阀芯发卡或损坏　更换主系统或摆阀液压缸系统的换向阀。

第5-39问　低压泵送时行程变短的原因是什么？怎么排除？

（1）主液压缸内泄，无杆连通腔液压油泄漏　更换主液压缸密封件。

（2）主换向阀泄漏，主系统液压油泄漏到液压缸无杆连通腔　检修、更换主换向阀。

（3）无杆连通阀控制油泄漏到液压缸无杆腔内　检修、更换无杆腔连通阀。

（4）主液压缸的限位液压缸泄漏，限位液压缸内的液压油泄漏到无杆腔连通腔内　检修、更换限位液压缸密封件。

（5）主液压缸补油泄油路异常　检修补油泄油路。

第5-40问　高压泵送时行程变短的原因是什么？怎么排除？

（1）主液压缸内泄，有杆连通腔液压油泄漏到回油侧无杆腔内　更换主液压缸密封件。

（2）主换向阀泄漏，主系统液压油泄漏到液压缸有杆连通腔内　检修、更换主换向阀。

（3）有杆腔连通阀控制油泄漏到液压缸有杆腔内　检修、更换有杆腔连通阀。

（4）主液压缸补油泄油路异常　检修补油泄油路。

第5-41问　泵送系统乱换向的原因是什么？怎么排除？

（1）液压缸行程到位发信器（压差、压力、位置感应发

信器等）损坏　更换发信器。

（2）压差、压力型发信器在大负载或负载剧烈变化时发信　降低泵送排量，更换发信器。

（3）摆阀系统换向阀控制油路异常（如先导阀、泄油阀内阻尼孔堵塞）　检修控制油路（如清洗阻尼孔）。

（4）摆阀液压缸换向阀或其先导阀阀芯发卡　检修、清洗或者更换摆阀液压缸换向阀或其先导阀。

第5-42问　主系统换向憋压（换向压力高）的原因是什么？怎么排除？

（1）控制油路阻尼孔堵塞或孔径变小　清洗阻尼孔。

（2）控制油路顺序阀调定压力过高　调低顺序阀压力。

（3）控制油源异常（如蓄能器压力不足，升压时间过长）　检修油源。

第5-43问　摆阀液压缸换向无力的原因是什么？怎么排除？

（1）蓄能器气囊损坏或氮气压力不够　检修气囊，补充氮气。

（2）摆阀液压缸换向阀的内控内泄螺塞脱落　检查换向阀，加装螺塞。

（3）以蓄能器为油源的液压元件有泄漏　逐个断开各元件，观察蓄能器压力下降情况，排查泄漏点，更换泄漏元件。

（4）摆阀液压缸换向液压泵磨损或损坏　检修或更换液压泵。

（5）摆阀液压缸内泄　更换摆阀液压缸密封或者更换摆阀液压缸。

第5-44问 闸板阀不同步的原因是什么？怎么排除？

（1）闸板缸位置调整用截止阀泄漏 更换截止阀。

（2）闸板缸连通腔内的空气未排尽 调整两缸，同时退到底，排尽空气。

（3）闸板缸内泄 更换密封件。

第5-45问 臂架只能单向旋转的原因是什么？怎么排除？

1. 遥控只能单向旋转

（1）一边的限位发信装置发信异常 更换发信装置。

（2）多路阀旋转片一边不得电 检修线路、线圈。

2. 手动只能单向旋转

一侧的卸荷阀（换向阀）不得电或发卡：检修线路、线圈、卸荷阀（换向阀），阀发卡时要进行清洗、研磨或更换。

第5-46问 臂架与支腿均无动作的原因是什么？怎么排除？

1. 臂架泵故障

（1）排量调节阀芯（恒功率阀、负载敏感阀、恒压阀）卡在小排量控制位置 用手摸臂架泵出油胶管，根据其温度、振动及噪声的情况可简单判断液压泵是否损坏，然后清洗、研磨或更换相应的阀芯。

（2）液压泵损坏 更换液压泵。

2. 臂架多路阀故障

（1）卸荷阀（旁通阀）卡在常开位置 检修线路、线圈、卸荷阀（旁通阀），阀发卡时进行清洗、研磨或更换。

（2）三通流量阀卡在全开位置 清洗、研磨或更换三通

流量阀。

第 5-47 问　臂架动作、臂架回转及支腿动作中某一个不能动作的原因是什么？怎么排除？

（1）单片阀线路、线圈故障　检修单片阀线路、线圈。

（2）单片阀主阀发卡　清洗、研磨或更换主阀芯。

（3）单片阀的二通流量阀卡在全关位置　清洗、研磨或更换二通流量阀阀芯。

第 5-48 问　臂架动作慢的原因是什么？怎么排除？

（1）负载压力接近溢流压力，系统溢流　调高溢流压力。

（2）平衡阀调定压力过高　调低平衡阀压力。

（3）平衡阀回油阻尼孔堵塞　清洗阻尼孔。

（4）多路阀单片二通流量阀卡在小开度位置　清洗、研磨或更换二通流量阀阀芯。

第 5-49 问　臂架“掉臂”的原因是什么？怎么排除？

（1）平衡阀闭锁压力低于负载压力　调高平衡阀压力。

（2）平衡阀泄漏　清洗、研磨或更换平衡阀。

（3）液压缸内泄　更换液压缸密封件。

第 5-50 问　支腿收回慢的原因是什么？怎么排除？

（1）负载压力接近溢流压力，系统溢流　调高溢流压力。

（2）回油阻尼孔堵塞　清洗阻尼孔。

（3）因液压缸面积比的原因，回油流量放大后，回油阻力过大，进油溢流　增大回油管管径。

第5-51问　液压泵异响的原因是什么？怎么排除？

（1）液压油不够　添加液压油至标准油位。

（2）吸油阀关闭或半开　确认吸油阀全开。

（3）吸油过滤器堵塞　检查吸油过滤器，清洗或更换过滤器。

（4）吸油路抱箍未拧紧或有针孔漏气　拧紧抱箍，检查吸油路，有漏油处则更换管道。

（5）液压泵损坏　检查液压泵所在油路内的高压过滤器或回油过滤器，如有大量铜粉或铁粉，则可确认液压泵损坏，应更换液压泵。

第5-52问　管路异常的原因是什么？怎么排除？

（1）管夹松动，钢管长距离悬臂振动　紧固、增加管夹。

（2）钢管、钢制管夹与其他件干涉　仔细观察管路与其他件的间隙，确保振动时不碰到。

第5-53问　溢流阀啸叫的原因是什么？怎么排除？

溢流阀啸叫可能是直动式溢流阀弹簧抖动引起的，应调整压力，打磨或更换弹簧。

第5-54问　液压油温度异常升高的原因是什么？怎么排除？

1. 散热功率变小

（1）液压油不够　添加至标准油位。

（2）灰尘、脏物堵塞散热器翅片间隙　用压缩空气吹掉散热器翅片缝隙内的灰尘或清理缝隙内的粘附物。

（3）风扇不转

1）风扇电动机控制电路断电：检修电路。

2）液压马达控制油路不通：检修油路。

3）温度信号异常：检修线路或更换温度传感器。

（4）风扇转速低于设计值

1）电动机老化：更换电动机。

2）马达内泄：更换马达。

（5）风扇旋向错误　电路（油路）接错，重新连接。

2. 发热功率变大

（1）主要液压元件（液压缸、马达、阀、液压泵）内泄　查出内泄元件，更换密封件或磨损的零件。

（2）正常工作时溢流阀溢流　调高故障溢流阀的溢流压力或更换溢流阀。

第5-55问　泵车液压系统漏油的原因有哪些？怎么排除？

（1）O形圈频繁漏油（图5-1）　用纯铜垫代替O形圈；加长螺杆和弹性垫圈；涂螺纹紧固胶等。

图5-1　O形圈位置图示

（2）钢管频繁漏油　用角向砂轮机打磨漏油处，然后堆焊。

（3）胶管磨损或老化　应将磨损、老化胶管及时更换。

第 5-56 问 泵车电气系统常见故障有哪些？

泵车电气系统常见故障：①电控柜内无电，显示屏不亮；②无法启动泵送功能；③泵送换向次数不够；④泵送憋压、撞缸或者熄火；⑤泵送过程中活塞退不到润滑点；⑥风机不转；⑦搅拌正转不转；⑧搅拌反转不转；⑨怠速换向压力为0；⑩退活塞异常；⑪排量无法调节；⑫泵送冲击过大；⑬臂架喇叭不响；⑭臂架不能伸展；⑮显示屏显示“旋转左/右限位”；⑯臂架不能左/右旋，显示屏无限位信息显示；⑰支腿不能打开和收拢；⑱遥控器信号不好；⑲遥控器充电器故障。

第 5-57 问 电控柜内无电，显示屏不亮的原因是什么？怎么排除？

（1）蓄电池无电　检查蓄电池电压是否正常，若蓄电池亏电，则对电池进行充电；若充电异常，则更换蓄电池。

（2）中央配电盒内的断路器频繁跳闸　检查电控柜内的温度是否过高，待温度降低后若还出现跳闸现象，则更换断路器。

（3）主电源线路故障　检查主电源线是否断路，接头是否压接牢靠。

第 5-58 问 泵送功能无法启动的原因是什么？怎么排除？

（1）行驶位置未切换到泵送位置　进行泵送/行驶切换，切换到泵送位置，泵送指示灯亮。

（2）底盘升速故障　检查升速电压是否正常，若异常，则使用底盘后置节气门控制升速或修复升速电路。

（3）泵送位置测速为0　检查测速电路板及测速线路是否正常，若异常，则修复或更换测速电路板。

（4）控制器损坏　检测控制器输入/输出点是否正常，若异常，则更换控制器。

第5-59问　泵送换向次数不够的原因是什么？怎么排除？

（1）液压泵类型选择错误　检查液压泵的选择与实际是否匹配。

（2）主液压泵控制电流过小　增大主液压泵控制电流。

（3）液压泵未开启　检查液压泵是否开启。

第5-60问　泵送憋压、撞缸或者熄火的原因是什么？怎么排除？

（1）换向接近开关故障　检查换向接近开关是否正常，若异常，则更换换向接近开关。

（2）接近开关线路故障　检查换向接近开关线路是否短路或者断路，若异常则进行修复。

（3）换向延时时间过长　修改泵送延时时间。

第5-61问　泵送过程中活塞退不到润滑点的原因是什么？怎么排除？

泵送过程中活塞退不到润滑点的原因一般是换向延时时间过短，应修改泵送延时时间。

第5-62问　风机不转的原因是什么？怎么排除？

（1）液压油温度异常　检查温度传感器、线路是否正常，若异常，则更换传感器或修复线路。

（2）风冷电磁阀损坏或线路断路　检查风冷电磁阀线圈是否短路或者断路，线路是否正常。若异常，则更换电磁阀线圈或修复线路。

第5-63问　搅拌正转不转的原因是什么？怎么排除？

（1）料斗栅网的限位开关或者线路故障　检查料斗栅网限位开关是否损坏，线路是否正常。若异常，则更换料斗限位开关或修复线路。

（2）输入元器件或者输入线路故障　检查搅拌按钮开关及输入控制器线路是否正常，若异常，则更换按钮开关或修复线路。

（3）搅拌电磁阀或线路故障　检查搅拌电磁阀及线路是否正常，若异常，则更换搅拌电磁阀或修复线路。

第5-64问　搅拌反转不转的原因是什么？怎么排除？

（1）压力继电器或压力传感器及其线路故障　检查压力继电器（压力传感器）及其线路是否正常，若异常，则更换压力继电器（压力传感器）或者修复线路。

（2）搅拌反转电磁阀线圈或者线路故障　检查搅拌反转电磁阀线圈及其线路是否正常，若异常，则更换搅拌反转电磁阀或修复线路。

第5-65问　什么情况下急速换向压力会为0？

急速换向压力为0的一般原因是蓄能器得电时间短，此时需修改蓄能器的得电时间。

第5-66问　退活塞异常的原因是什么？怎么排除？

退活塞异常的一般原因是退活塞电磁阀线圈故障或线路故

障。可检查退活塞相应的电磁阀以及线路是否正常，若异常，则更换相应的电磁阀或修复线路。

第 5-67 问　排量无法调节的原因是什么？怎么排除？

（1）油温低时对排量进行限制　若液压油实际温度较低，预热即可恢复正常。

（2）输入器件故障　检查排量调节旋钮是否正常，若异常，则更换排量调节旋钮。

（3）遥控器参数选择错误　检查遥控器排量调节按钮的选择与实际是否匹配。

第 5-68 问　泵送冲击过大的原因是什么？怎么排除？

（1）缓冲时间过长，导致出料连续性差　调节换向缓冲时间，使摆阀液压缸与主缸动作协调，出料连续。

（2）旋转动作时横摆较大　调节臂架旋转电流。

（3）换向冲击过大　调节换向缓冲时间，降低换向过程中主缸的冲击。

第 5-69 问　臂架喇叭不响的原因是什么？怎么排除？

臂架喇叭不响的一般原因是喇叭或者线路故障。需检查喇叭和线路是否正常，若异常，则更换喇叭或修复线路。

第 5-70 问　臂架不能伸展的原因是什么？怎么排除？

（1）支腿到位开关损坏或线路短路　检查支腿到位开关和线路是否正常，若异常，则更换支腿到位开关或修复线路。

（2）臂架到位开关故障或线路短路　检查臂架到位开关或线路是否正常，若异常，则更换臂架到位开关或修复线路。

（3）多路阀线圈或者插头故障　检查多路阀线圈或者插头是否正常，若异常，则更换多路阀线圈或者电磁阀插头。

（4）旁通阀或者插头故障　检查旁通阀线圈或者插头是否正常，若异常，则更换旁通阀线圈或者电磁阀插头。

（5）遥控器无信号　检查遥控器信号是否正常。

（6）遥控器接收器故障　检查遥控器接收器是否正常。

第5-71问　显示屏显示“旋转左/右限位”的原因是什么？怎么排除？

（1）单侧支撑对角度的限制　当进行单侧支撑时，程序对臂架旋转角度进行限制，非故障。

（2）支腿到位开关损坏或线路故障　检测支腿到位开关和线路是否正常，若异常，则更换支腿到位开关或修复线路。

（3）旋转编码器故障，角度显示错误　对旋转编码器进行零点标定，如果角度依旧显示错误，则更换旋转编码器。

第5-72问　臂架不能左/右旋，显示屏无限位信息的原因是什么？怎么排除？

（1）电磁阀发卡　检测旋转电磁阀是否发卡，若发卡，则清洗阀芯；若故障依旧，则更换旋转电磁阀。

（2）臂架到位开关损坏或线路短路　检查臂架到位开关是否损坏、线路是否短路，若异常，则更换臂架到位开关或修复线路。

第5-73问　支腿不能打开和收拢的原因是什么？怎么排除？

（1）臂架到位开关损坏或线路故障　检查臂架到位开关

是否损坏、线路是否正常，若异常，则更换臂架到位开关或修复线路。

（2）支腿操作按钮故障　检查支腿操作按钮是否正常，若异常则修复或更换。

第5-74问　怎样对RHX—B液压润滑泵故障进行判断与分析?

自动润滑系统的结构如图5-2所示，对RHX—B液压润滑泵故障的判断与分析，见表5-2。

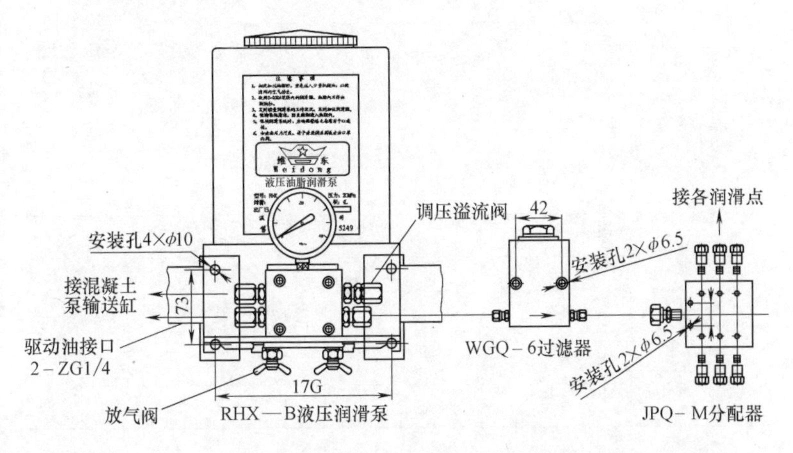

图5-2　自动润滑系统结构简图

表5-2　对RHX—B液压润滑泵故障的判断与分析

异常现象	原　因	排除方法
润滑泵无油脂排出或排出油脂有气孔（时出油，时不出油）	泵桶内脂层低于滤网	宜先加入少量机械油淹没过滤网后，再加入油脂
	油脂黏度过高或老化，糊住滤网	更换油脂，清洗滤网

（续）

异常现象	原　因	排除方法
润滑泵无油脂排出或排出油脂有气孔（时出油，时不出油）	驱动油压过低	检查系统驱动油压
	油缸柱塞内有空气不能排出	拧开蝶形放气阀螺钉至空气排出后拧紧（先松开锁紧螺母，再拧开放气阀半圈即可，不宜拧开过松）
润滑泵工作压力过低，分配阀不动作（排除分配器故障）	润滑泵出油口单向阀失灵	清洗单向阀
	润滑泵内油脂不足或滤网被糊住	宜先加入少量机械油淹没过滤网后，再加入油脂
	各柱塞或定量换向阀阀芯活塞与孔磨损，造成内泄	检查活塞配合与其他活塞相比是否过松或断裂。如有需要，则更换损坏的元件
	调压保护阀失灵	清洗调压保护阀的阀芯、弹簧
润滑泵工作压力超负荷（排除分配器故障）	滤油器堵塞	清洗滤油器滤网
	管道内油脂老化或被脏物堵住元件小孔	更换油脂，清洗各管道和各接头体小孔或更换管道、接头
	管道某处被压扁	更换管道
	润滑泵单向阀或滤芯堵塞	更换滤芯或清洗各阀芯

第5-75问　遥控器信号不好的原因是什么？怎么排除？

（1）遥控器天线折断或者天线焊点脱落　拆开遥控器天线，观察其是否折断或者焊点是否脱落。

（2）遥控器信号干扰　检查附近是否有信号干扰，将泵车移至空旷处检测信号是否正常，若异常则进行修复或更换。

（3）遥控器高频模块故障　排除以上两点故障，可能为

遥控器高频模块故障，应修复或更换高频模块。

第 5-76 问　遥控器充不进电的原因是什么？怎么排除？

（1）遥控器充电器故障　检查遥控器充电器是否正常，若异常，则更换遥控器充电器。

（2）遥控器电池故障　观察遥控器电池是否有鼓包等异常，测量遥控器电池电压，若异常，则更换遥控器电池。

第 5-77 问　泵车底盘常见故障有哪些？

泵车底盘常见故障：①起动后，发动机有节奏地发出金属撞击声，泵送时声音加大，排气管冒黑烟，打泵掉速；②更换三滤和机油以后，发动机起动，松钥匙后熄火；③发动机不能起动，但起动马达能转动；④泵送时里程表转动；⑤底盘测速故障，速度显示为零；⑥发动机故障等报警，底盘不升速；⑦奔驰六桥底盘泵车无法切换到泵送状态。

第 5-78 问　泵机起动后噪声大，排气管冒黑烟，打泵掉速的原因是什么？怎么排除？

（1）传动轴的十字轴松旷或动平衡存在问题　若用手摇动能感觉到间隙存在，目测能发现传动轴晃动大，则需要更换传动轴。

（2）发动机的润滑油路堵塞　清洗润滑油路。

（3）发动机燃烧的相关零件（如喷液压泵、活塞或连杆）磨损或损坏　检修发动机。

（4）柴油油品不合格　更换正规油品。

（5）液压油路堵塞，导致功率需求大　更换液压油的高压滤芯。

（6）空气滤清器未保养，进气量不足，燃烧不充分　更换空气滤清器滤芯，防止进气口被覆盖。

第5-79问　更换三滤和机油以后，发动机起动后熄火的原因是什么？怎么排除？

（1）新滤芯中存在空气导致供油中断　更换柴油滤芯前，先灌少量柴油至滤芯内；更换完毕开机前，先动作5~10次手液压泵，手动吸入少量柴油。

（2）更换过程中低压油管进空气，导致柴油压力低而报警　手动泵油，如空气量较多，排空气3次后仍无法起动，则松开进发动机燃烧室的6根高压油钢管中任意一根的螺母半圈后起动，起动后马上熄火，旋紧螺母。

第5-80问　发动机不能起动，但起动马达能转动的原因是什么？怎么排除？

1. 上装电气线路故障

关闭上装电源，恢复底盘熄火线的改装电路，若问题消除，则对上装熄火线路、熄火继电器进行检查和修复。

2. 底盘原因

（1）管路被压或折弯　调整或更换。

（2）油路进空气　手动操作手液压泵供油排空气。

（3）紧急停止开关没有复位　复位紧急停止开关。

（4）喷油器或者柴油液压泵故障　更换喷油器或柴油液压泵。

第5-81问　泵送时里程表转动的原因是什么？怎么排除？

（1）控制器输出点故障　先检查泵送位置的指示是否正

常，控制器是否有电压输出。

（2）里程表继电器故障　泵送状态下，里程表继电器得电，但里程表仍然计数，则说明里程表继电器故障，应予以更换。

第 5-82 问　底盘测速故障，速度显示为零的原因是什么？怎么排除？

（1）上装测速电路故障　先检查在行驶位置开车时，里程表是否正常显示，若正常，则可判断里程表传感器正常；若不正常，则需测量速度传感器的信号线电压，无信号时，需更换速度传感器。

（2）底盘测速传感器故障　检查测速线路是否有电压，速度越高，电压越大。

第 5-83 问　底盘不能由行驶切换到泵送时，怎么检查和排除故障？

可按以下步骤排除故障：

1）检查底盘气压，正常情况下，底盘气压应大于 0.7MPa。

2）拆卸电磁阀电插，进行手动，如这时能正常切换，则为电气故障。

3）检查气缸和气阀是否漏气。

4）检查分动箱拨叉轴和离合套是否出现故障。

第 5-84 问　发动机故障报警，底盘不升速的原因是什么？怎么排除？

（1）上装节气门电路板故障

1）检测节气门电路板的继电器是否正常工作。

2）测量输出电压，若电压过低，则需更换电路板。

（2）底盘发动机故障　恢复底盘节气门控制电路，若故障仍存在，则可判断为底盘问题。

第5-85问　奔驰六桥底盘泵车无法切换到泵送状态的原因是什么？怎么排除？

（1）操作不当　熄火后，重新按下列顺序进行操作：

1）确认挂在空档。

2）踩下离合器踏板。

3）按下底盘带pto1（或pto3）按钮1~2s，等指示灯亮后松开离合器踏板，此时怠速将升高，发动机后变速器上方取力传动轴开始转动。

（2）气压不足导致无法切换　观察仪表气压高于7×10^5Pa以后再尝试上述步骤。

（3）底盘取力器损坏　检修并更换底盘取力器部件。

第六篇

安全与环保

本篇内容提要

安全与环保对每个人来说都是一件十分重要的事情，我国《混凝土泵送施工技术规程》JGJ/T 10—2011 及《预拌混凝土绿色生产及管理技术规程》JGJ/T 328—2014 规定了泵送混凝土生产、施工的有关事项。本篇介绍了泵送工作全过程的安全、环境要求，比较具体地叙述了怎样做以及为什么这样做，供泵送人员参考。

第 6-1 问　泵机工作环境有什么要求？

一般情况下，混凝土泵车使用地区的海拔高度应在 1km 以下，如需要在超过上述高度的地区使用，应取得设备制造厂家的允许。

泵机工作环境温度应为 0～40℃。布料作业时，风速应不超过 13.8m/s（6 级），有暴风雨、龙卷风的前兆时，应停止作业并收回臂杆复位固定。泵车放置或行走的地面必须有足够的承载能力。

第 6-2 问　泵车开车前应注意哪些安全事项？

1）泵车处于行驶状态之前，务必确保臂架及软管已经完全收拢并固定，否则不得上路行驶，如图 6-1 所示。

2）支腿完全收回到位并锁紧后方能开车，禁止在支腿展开时行驶，如图 6-2 所示。

3）检查油箱、洗涤室的开关和密封情况，不得有泄漏情况发生。

4）对底盘的制动、转向、照明和胎压等项目进行安全检查。

5）检查整车附件是否固定在安全位置。

上述检查无误后，方可将底盘切换至行车状态。

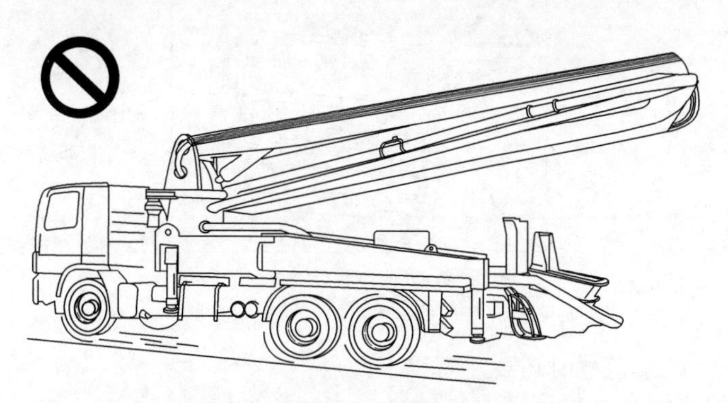

图 6-1　禁止泵车在臂架展开时行驶

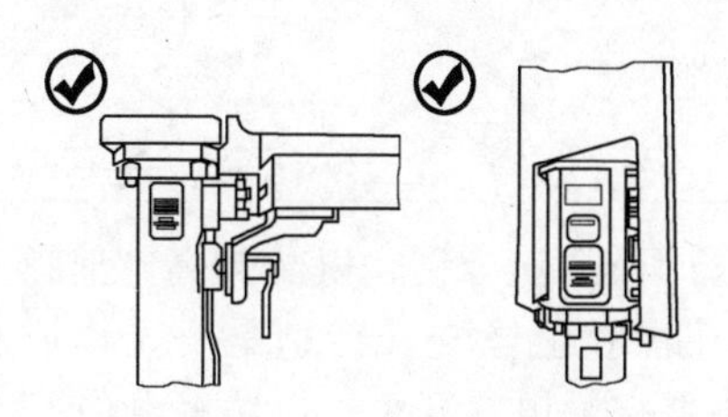

图 6-2　泵车支腿要锁紧

第 6-3 问　泵车行进中应注意哪些安全事项?

1）泵车司机必须遵守交通规则，严禁酒后驾车和进行泵送作业，行驶速度应低于 50km/h。

2）泵车车体较长，行驶过程中应与斜坡或凹坑保持一定距离。横穿地下通道、桥梁、隧道、高空管道或高空电缆时，必须保证与障碍物之间有足够的空间距离。

3）泵车重心较高，转弯时必须减速慢行以防倾翻，如图 6-3 所示。

图 6-3　泵车转弯时要减速行驶

拖泵运送时还要注意以下两点：

1）拖泵运送时要与牵引车辆牢固连接。

2）泵机拖行时，导向轮及闸阀拖泵的导杆必须全部收回，不能与地面接触。

第 6-4 问　泵机进入施工现场后要注意哪些安全事项？

1）泵送人员须戴安全帽，以防被高空坠落物体砸伤；佩戴胶皮手套，穿橡胶绝缘鞋（特别是雨天作业和附近有高压线时），湿手不得接触电气开关，以防触电伤人。

2）作业地须有良好的照明条件，以便检验混凝土质量、送料单和混凝土运输车标识牌。

3）熟悉浇筑地点环境与脚手架条件，高空作业人员应经体检。

第 6-5 问　泵车支撑应注意哪些安全事项？

1. 工作场地要求

在泵车展开支腿前，操作者必须熟悉工作场地的基本情况，包括支撑地面土质情况、承载能力及周围主要障碍物；施工场地面积、工程施工高度等是否能满足泵车支腿跨距的相关

技术参数要求，如图 6-4 所示。泵车四条支腿必须展开到规定的位置，以防倾翻。

2. 单侧支撑时的要求

当使用泵车单侧支撑功能（OSS）时，泵车控制系统将自动识别臂架允许的布料范围，以防止泵车倾翻。根据布料范围的不同，可选择以下两种单腿支撑方式：

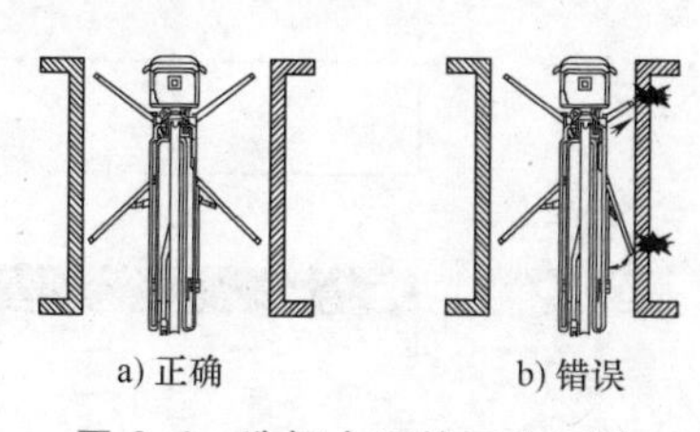

图 6-4　选择合适的工作场地

1）左侧支腿收拢，右侧支腿展开到位，以泵车转台中心为原点，臂架旋转角度范围为 0°至右侧 120°，如图 6-5a 所示。

2）右侧支腿收拢，左侧支腿展开到位，以泵车转台中心为原点，臂架旋转角度范围为 0°至右侧 120°，如图 6-5b 所示。

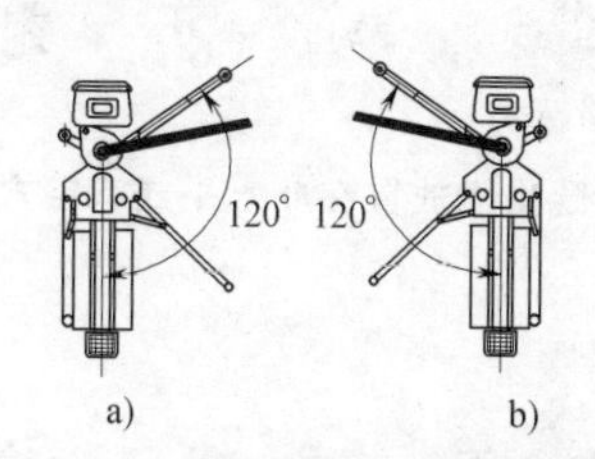

图 6-5　单侧支撑臂架旋转范围示意图

3. 不同地形的支撑摆放要求

在支腿展开前，必须确保工作场地的承载能力大于支腿上承重载荷所标示的数值（kN 即千牛，是力的单位，10kN 近似为 1t），如图 6-6 所示。无论地面形状如何，支撑面都必须是水平的（图 6-7a），且不能支撑在空穴或不实的地面上（图 6-7b～e）。当地面出现严重下沉时，必须立即收拢臂架，重新垫好后方可作业，否则会发生支腿下沉或严重时造成泵车侧翻等安全事故，如图6-8~图6-10所示。

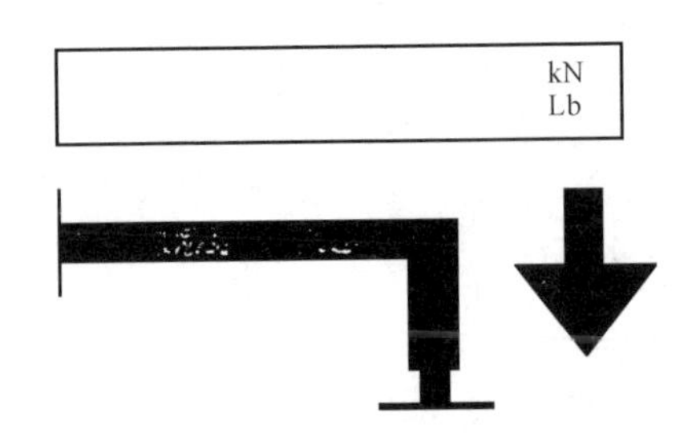

图6-6　支腿上的承重标识

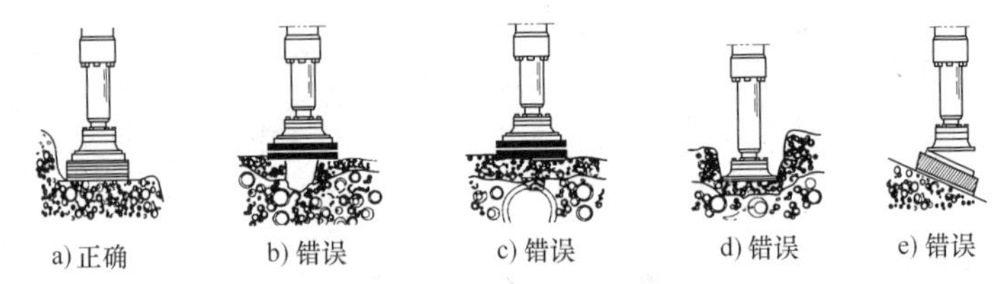

图6-7　支腿禁止放置在非水平或有空穴的地面上

图6-8　支撑在不实地面上支腿下沉

a) 支腿下地面塌陷造成泵车倾翻

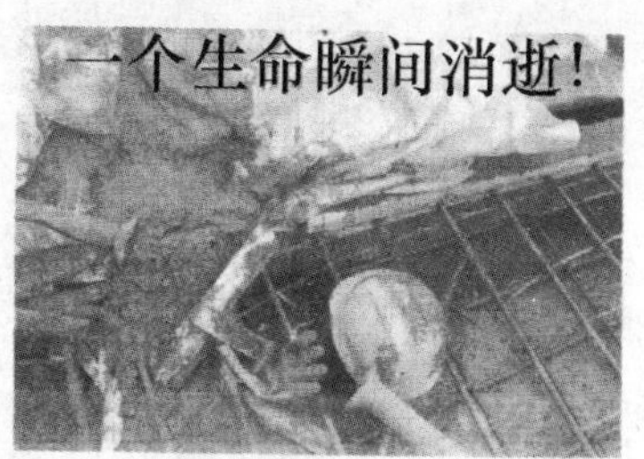

b) 操作工人伤亡

图 6-9　支腿下地面塌陷造成泵车倾翻场景

图 6-10　支腿插入地下空洞造成泵车倾翻

4. 其他要求

1) 必须保证整机处于水平状态，整机横向和纵向的水平偏角不得超过 3°，如图 6-11 所示。

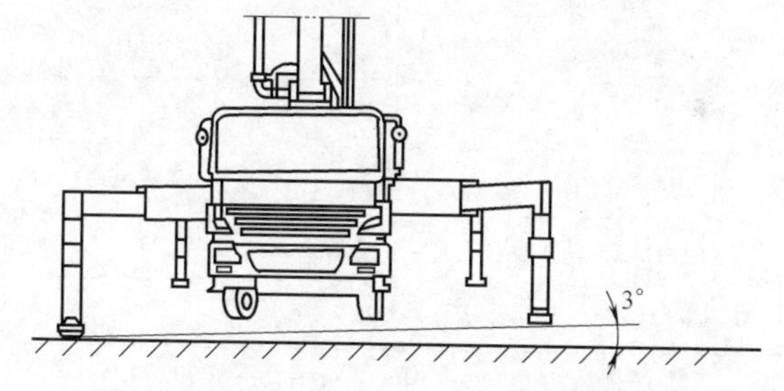

图 6-11　整机横、纵向水平偏角不超过 3°

2）展开支腿时，要防止身体被夹入支腿与其他物体之间，如图6-12所示。

图6-12　防止身体被夹入

第6-6问　若地面承载能力不足，支撑面应如何处理？

若地面承载能力不足，应使用支撑板或辅助木方（枕木）增大支撑表面积，以减小泵车对地面的承压强度。不同种类地面对应的许用压力见表6-1。

表6-1　不同种类地面对应的许用压力

地面种类	许用压力/kPa
未夯实的回填土	150
厚度不小于20cm的柏油路	200
夯实的碎石混凝土材料	250
硬黏土或泥浆土	300
质地不同的凹凸不平地面	350
卵石密集的地面	400~500
卵石层(适当夯实的卵石地面)	750
干枯的岩石地面	1000

注：kPa（千帕）是压力单位，1MPa（兆帕）= 1000000Pa（帕）= 1000kPa（千帕）；$1kg/cm^2 \approx 0.01MPa$。

1. 采用计算法确定枕木长度

例如：泵车在回填土上支腿，土壤许用压力为 150kPa（即 0.15MPa），通常泵车每个支腿的最大承重量与整车质量差不多，标注在泵车支腿上。如某泵车质量为 41t，即该泵车一个支腿下传压力是 41t（约为 410kN），此时，计算支腿下枕木面积为

$$410\text{kN}/0.15\text{MPa} \approx 2733\text{cm}^2 = 0.273\text{m}^2$$

计算所需枕木长度：采用 4 根枕木（一般其断面为 15cm×15cm）时，宽为 4×15cm = 60cm，2733cm/60 = 45.6cm，确定取 L=50cm 的枕木。即选用 15cm×15cm×50cm 的枕木 4 根。

2. 采用查表法确定枕木长度

当支腿最大压力（标示在支腿臂上）大于地面许用压力时，应加支撑板（A）和辅助方木（B），如图 6-13 所示。辅助方木（B）一般使用 4 块，其最小长度（L）见表 6-2。图中支撑板（A）的尺寸为 50cm×50cm×2.5cm，辅助方木（B）的尺寸为 15cm×15cm×L。

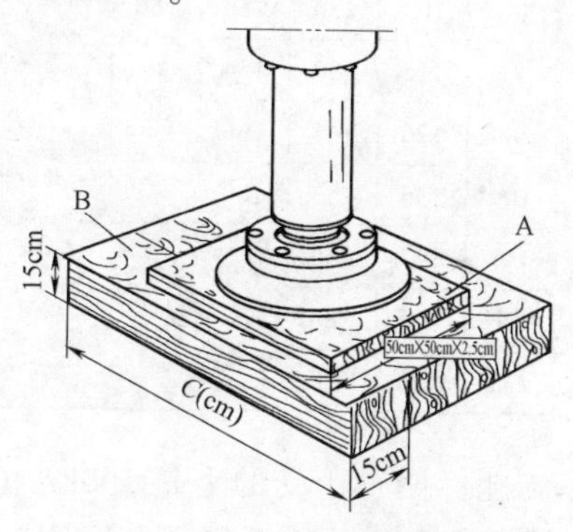

图 6-13　支撑板及辅助方木

表 6-2　支撑板 A 与辅助方木 B 的安装区域和禁止安装支腿区域

地面种类	干枯的岩石地面	适当夯实的卵石层	卵石密集的地面		质地不同的凹凸不平地面	硬黏土或泥浆土	夯实的碎石混凝土材料	最小厚度不小于20cm的柏油路	未夯实的回填土
许用压力/kPa	1000	750	500	400	350	300	250	200	150
承力外伸支腿的作用力(kN)(标示在支腿臂上)	**辅助方木B的最小长度L/cm**								
50									
75	使用支撑垫板 A(50cm×50cm×2.5cm)时，不增加辅助方木 B 也可支撑的区域								84
100								84	112
125							84	104	138
150						84	89	126	166
175					84	96	117	147	194
200				84	96	112	132	166	
225			74	94	106	126	150	187	
250			84	104	120	138	166		
275			91	115	132	154	184		
300			98	126	144	166			
325		73	109	135	153	180		禁止承载的区域	
350		77	117	147	166				
375		84	126	156	180				
400		89	132	166	190				

例如：泵车支腿标明可承受的力是 300kN（近似为 30t），查表 6-2，如支撑面是夯实的碎石混凝土地面，则辅助方木 B 的最小长度为 184cm；如支承面是硬黏土或泥浆土，则最小长

度为166cm；如支撑在厚度不小于20cm的柏油路或未夯实的回填土地面上时，则为禁止承载区域范围，即不允许在此地面上支撑泵车。在卵石层或岩石地面上支撑时，均为不增加辅助方木B也可支撑的区域，因此只需使用支撑垫板A即可。

第6-7问　泵车支撑在坑、坡附近时，怎样确定安全距离？

1）与斜坡间的最小距离 A 如图6-14a所示。支腿压力≤117.6kN时，$A=1\text{m}$；支腿压力>117.6kN时，$A=2\text{m}$。图6-14b所示为禁止的情况。

2）与坑边间的安全距离 B 如图6-15所示。对于回填密实地面，$B\geqslant 2T$（坑深）；对于原土地面，$B\geqslant T$。例如：泵车支撑在回填密实地面，基坑深5m，则支腿应与基底边缘保持10m以上的距离。泵车支撑在原土层时，基坑深5m，则支腿与基底边缘保持5m以上的距离即可。

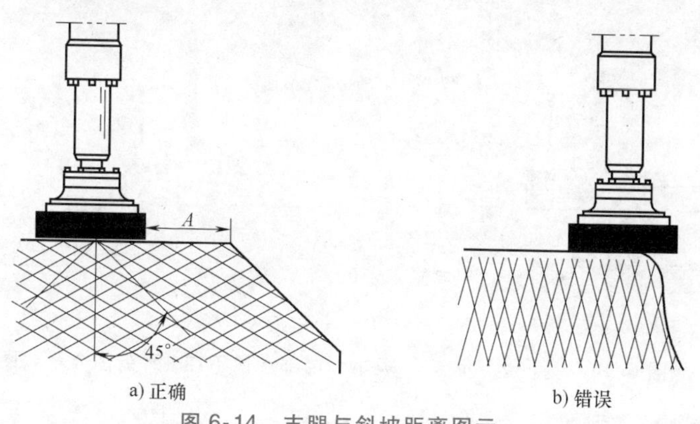

图6-14　支腿与斜坡距离图示

3）当泵车支腿位置按安全距离 B 设置时，由于挖掘基坑边坡坡度不规矩，局部土坡不在45°范围内，如图6-16a所示，

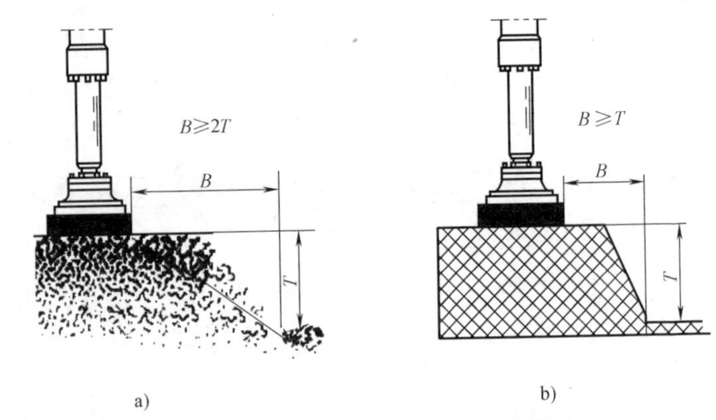

图 6-15　支腿与坑边需保持的距离图示

则支腿与边坡 B 间的距离应加大，应将支腿往里面移至完全在土坡 45°范围以内。

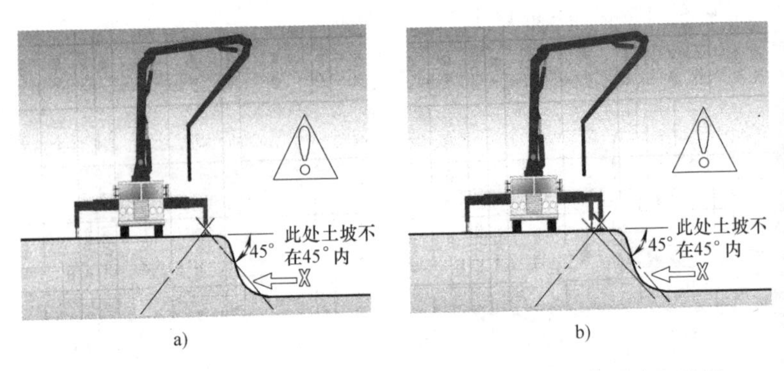

图 6-16　基坑边坡坡度不规矩，局部土坡不在 45°范围内示意图

第 6-8 问　泵车臂架操作要注意哪些安全事项?

必须在确认泵车支撑已支撑妥当后，才能操作臂架。操作

臂架应严格按操作规程进行，并注意以下安全事项：

1）在雷雨或恶劣天气情况下不能展开臂架；有暴风雨或龙卷风的预兆时，应停止作业，收回臂架并复位固定；不能在大于6级（13.8m/s）的风力下使用臂架。

2）作业周围环境。泵车作业前要先检查和熟悉周围环境，保持与建筑物的安全距离，防止泵车臂架与脚手架碰触而造成液压锁或臂杆损坏，导致安全事故。对高空电线、管架等障碍物，要事先采取预防隔离措施。

3）视力不好者不得担任泵车司机，操作臂架时，臂架应全部在操作员的视野内，操作员所在位置若不能观察到整个作业区或不能正确判定泵车外伸部位与相邻物体间的距离时，要配引导员指挥。若臂架出现不正常动作，要立即按下急停按钮，由专业人员查明原因并排除后方可继续使用。

4）泵车仅限用于混凝土输送，严禁用于其他用途，如起吊重物等，如图6-17所示。

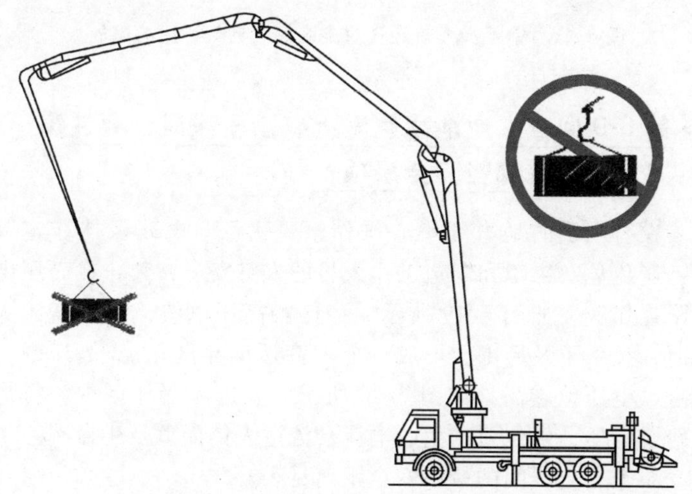

图6-17　违规操作把泵车当做吊车使用

5）臂架伸开或收拢必须按操作程序的规定进行。臂架伸展必须在支腿全部支撑完毕后进行；而支腿收拢必须在臂架收拢后才能进行。切不得图省事、省时间而违反操作程序，否则会造成车毁人亡的严重事故。例如，图 6-18 所示为操作员为省时间在臂架未收拢的情况下将支腿收拢，只剩下右后支腿未收拢时，泵车突然向右倾翻，酿成两名工人死亡的悲惨事故。

图 6-18　违反操作规定先收支腿后收臂架酿成的事故

第 6-9 问　作业地高空附近有高压线时，要注意哪些安全事项？

在有电线的地方须小心操作，要注意与电线保持一定距离，避免危及泵车和周边工作人员的人身安全，禁止在高压电线附近作业，如图 6-19 所示。当碰触高压电线，出现高压火花时，设备下及周围会形成一个“高压漏斗区”，离高压中心越近，电压值越高，如图 6-20 所示。人进入漏斗区内，将产生跨步电压，电位差产生的电流会流过人体而危及生命。

泵车与电线间的最小安全距离见表 6-3。

a) 泵车作业与高压线小于安全距离

b) 泵车臂杆泵触电驾驶室被烧后的情况

图 6-19　禁止在高压电线附近作业

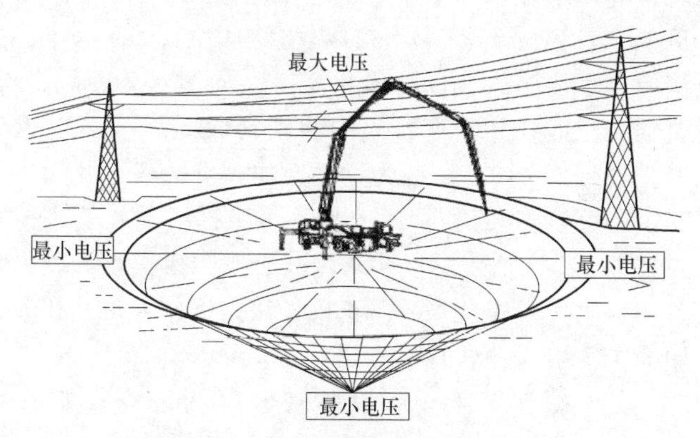

图 6-20　高压漏斗区电压强弱示意图

表 6-3　泵车与电线间的最小安全距离

电 压/kV	最小距离/m
0～1	1
1～110	3
110～220	4
220～400	5
电压不详	5

一旦泵车触到了电线，应当采取下列措施：

1）不要离开驾驶室，立即通知供电专业人员迅速切断电源。

2）条件允许时把泵车开出危险区。

3）警告其他人员不要靠近或接触泵车。

第 6-10 问　泵机作业时对混凝土浇筑人员有哪些安全要求?

1）起动泵送系统时，可能引起末端软管突然摆动而造成人身安全事故。因此，开机前所有人员必须远离末端软管的危险区域，即以末端软管长度为半径的圆周区域范围内不要站人。例如，软管长 6m，那么在以软管为中心、6m 为半径的圆周范围内，不要站人，以防被甩出去，如图 6-21 所示。在泵送浇筑混凝土时，切勿弯折末端软管（图 6-22）或将软管埋在混凝土中（图 6-23），因为这样会加大泵送压力。

2）在建筑物边缘作业时，切不可手握末端软管进行浇筑作业，如图 6-24a 所示，以防末端软管或臂架摆动导致操作人员坠落，发生人身安全事故。正确做法是操作人员站在安全位置，用绳子牵引末端软管，如图 6-24b 所示。

3）禁止站在臂架下，以防被坠落物砸伤，如图 6-25 所示。

图 6-21　不要站在末端软管危险区域内

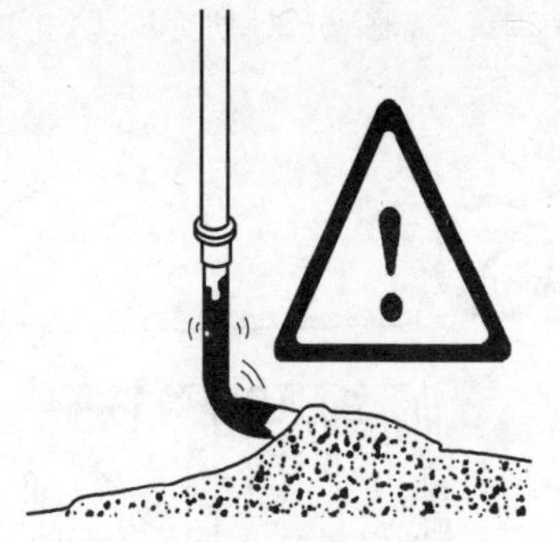

图 6-22　切勿弯折末端软管

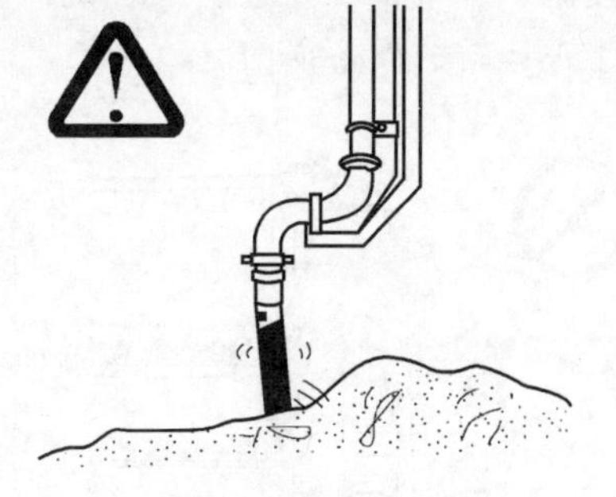

图 6-23　禁止将软管埋在混凝土中

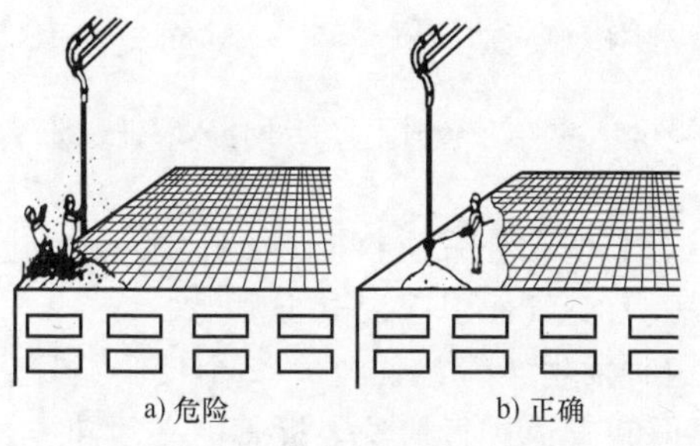

a) 危险　　b) 正确

图 6-24　使用辅助工具引导软管

图 6-25　切勿站在臂架下

第 6-11 问　泵机作业时泵工要注意哪些安全事项?

1）泵送时，不可打开料斗筛网、洗涤室盖板等安全防护设施，不可将手伸进料斗、洗涤室中，如图 6-26 所示，防止手被运转的设备损伤。

a) 泵车反转时将手伸入料斗

b) 泵车运转时将手伸入洗涤室

图 6-26　泵车运转时不可将手伸入料斗、洗涤室内

2）泵送时，必须保证料斗内的混凝土超过搅拌轴上平面，防止因吸入空气而引起混凝土喷射。

3）泵送时发生堵管，若经 1~2 个反泵循环仍不能自动排除，则需要拆卸管道进行清洗。拆管前必须卸压，释放管内的压力后才能打开接头，拆卸输送管道。如带压卸管，则高压管道混凝土会崩出，从而引发人身安全事故，如图 6-27 所示。

图 6-27　带压拆管造成人身安全事故

第 6-12 问　混凝土泵送作业有哪些环境保护要求?

1）混凝土泵一般采用液压系统，在维护保养和使用过程中易产生油液泄漏，需提前准备容器收集泄漏物，以防污染环境，并可减少清理工作量。

2）施工现场的混凝土运输道路，宜采取有效的扬尘控制措施；泵车出入搅拌站和施工现场时应冲洗其底盘和轮胎，以防污染城市道路。泵送作业时，应采取降噪措施，白天和夜间噪声分别不得超过 70dB（分贝）和 55dB。

3）使用过的废旧油品、电池、轮胎、塑料制品、过滤器滤芯等不得随地丢弃，应分类回收堆放，统一处理。

4）清洗混凝土泵和泵管时，末端输送管的出口应固定，设有统一指挥，并应朝向安全方向，防止混凝土、石子从管端飞出伤人。泵送和清洗过程中产生的废弃混凝土或清洗残余物，要预先确定处理方法和场所，妥善处理，不得随意堆放污染环境。

附录

附录A 泵车司机及泵工作业指导书（附表1）

附表1 泵车司机及泵工作业指导书

序号	项目	内容
1	准备	泵送前，泵车司机应与现场施工人员共同赴现场勘察地形，确定泵车停放位置以及管路配置线路
2	配管	1. 对于需要配置管线的工程，应于施工前将泵管运至现场，泵管直径为125mm，检查管道通畅，无龟裂、凹凸损伤、弯折后，按设计的线路配管，管线应取最短线路，宜采用浇筑方向与泵送方向相反的方法，并尽量减少弯管 2. 管线同时采用新、旧泵管时，应将新管布置在泵送压力最大处，泵管接头应严密不漏浆，有足够的强度 3. 垂直向上配管时，地面水平管长度不小于垂直管长度的1/5，且不宜小于15 m；垂直泵送高度超过100m时，混凝土泵机出口处应设截止阀；垂直泵送管下端弯管处设支撑，以支撑垂直管的重量 4. 泵送地下室结构物时，管路宜倾斜向下配置，高差大于20m时，应在倾斜或垂直管下端设置弯管或水平管，其折算长度不宜小于高差的1.5倍 5. 混凝土输送管不得直接支撑在钢筋、模板上，水平管应每隔一定距离设支架，垂直管应固定在墙和柱子上，且每节管不少于一个固定点，如固定在脚手架上，应根据需要对脚手架加固。应定期检查管道，特别是弯管等部位的磨损情况，以防爆管
3	稳车检车	1. 按现场调度员通知，泵车进入现场，停放在水平、坚实的场地上，并使其便于供料和施工现场泵送。作业范围内不得有高压线等障碍物，同时应考虑远离高空坠物打击的地方，如现场条件较差，则泵车上部应架设篷网，以防落物打击 2. 泵车支腿完全伸出，接好安全销 3. 关闭所有支腿卸压阀 4. 伸展臂架，按下段-中段-上段的顺序进行，伸杆时注意各杆是否卸压，一杆伸展不大于60°时，待1-2杆安全钩安全拖开，再伸展二杆、三杆，待四杆安全钩拖开后再展四杆。杆

（续）

序号	项目	内　　容
3	稳车检车	升期间严格监视四腿受压情况，如有异常要紧急将杆转向支撑好的一方后，再视情况处理。应注意如不工作一方两腿没全展开，则禁止将杆转过工作面中心线45°角（禁止将臂杆转向支脚未展开一面）。在臂杆伸展过程中，其前端只可挂一根胶管；在悬臂全伸展状态下，泵车不得有微小的移动，并注意应与相临物体保持1m以上距离 5. 臂架前端只能接一根软管，严禁软管前端接铁管，如必须接长，可采取硬连接 6. 五级以上大风或瞬间风速大于16m/s时（电线产生口哨声），须停止作业
4	联络要料	泵车到达现场后，检查用户需要混凝土的施工部位钢筋、模板是否完工，监理“浇灌令”是否已下，无误后通知搅拌站发送水及砂浆以及陆续供应的混凝土强度等级及特殊技术要求、数量
5	泵送	1. 水车及砂浆车到现场后，先泵送适量水，湿润混凝土料斗、活塞及输送管内壁、布料机，排出的水应排到模板外，由施工单位妥善处理，防止污染环境 2. 经润管检查，确认混凝土泵及管路中无异物、无漏浆后，开始泵送砂浆，如砂浆是1∶2水泥砂浆，应将砂浆分散布料，稀砂浆必须排放在模外，且须由施工方妥善处理，以防止稀砂浆注入结构中酿成质量事故 3. 开始泵送时，混凝土泵应处于匀速缓慢运行并随时可反泵状态。泵送速度应先慢后快。同时，应观察混凝土泵的压力和各系统的工作情况，待各系统运转正常后，方可以正常速度泵送 4. 混凝土泵送过程中，泵车司机应及时与搅拌站取得联系，反馈混凝土坍落度情况、供应型号、数量等信息，对关键结构部位（悬臂结构、大跨度梁、预应力结构等）应特殊说明，提醒试验室、搅拌机操作室予以高度重视。

（续）

序号	项目	内　容
5	泵送	5. 混凝土泵送过程中有计划中断时(如拆、接泵管,挪泵等),应预先确定中断浇筑部位,通知调度室。若混凝土供应不及时,宜采用间歇泵送方式,放慢泵送速度。间歇泵送可采用每隔 4~5min 进行两个行程反泵,再进行两个行程正泵的泵送方式 6. 混凝土泵送出现非堵塞停止泵送的情况时,可利用臂架(配管)与料斗内的料进行慢速间歇正反泵。如长时间中断则应将泵车卸料,清洗泵车和管道,等待重新泵送 7. 泵送过程中,放料工或泵工应随时将泵车筛网上滚出的大石子及杂物清理掉,以防粒径过大的骨料或异物入泵造成管路堵塞 8. 混凝土泵送即将结束前,应及时与施工方取得联系,正确估算需用的混凝土数量,并及时通知搅拌站 9. 泵送过程中,对于废弃的和泵送终止时多余的混凝土,应预先确定其处理方法和场所,以确保及时妥善处理 10. 泵送完毕,应将混凝土泵车和输送管道清洗干净,清洗时,布料设备出口应朝安全方向,防止废浆高速飞出伤人
6	收杆与支腿	1. 发动机灭火后,清洗泵车,以防水渗入空气滤清器和电气设备内 2. 臂架收杆应按上段-中段-下段的顺序进行,将臂杆转向安全方向,收一杆角度不得小于 60°,防止二杆损伤一杆液压缸,先收三、四杆,待三、四杆收紧后再收二杆,避免快收操作。一杆臂杆收紧后,将臂杆落到位 3. 臂架收好后,收泵车支腿,先收支腿再收大腿,泵车相对方向两大腿交替收回,禁止一方向一次收回或单收一腿 4. 收杆、换管、抬管时,应注意前后左右,防止砸伤腿脚和他人 5. 冬季停止作业时,将水箱、水路中的水排净,全车清理、保养、检修合格后,摘下蓄电池入库

（续）

序号	项目	内　　容
7	施工记录	1. 泵车司机在泵送过程中要随时监视施工现场胀模、模板坍塌、移管撒料、多要料倒掉等浪费混凝土的现象，填写在"泵送浇灌记录"上，并及时请施工方或建设单位签字认可，如对方不认可应立即通知销售部 2. 每天、每个工程，泵车司机均应认真填写"泵车浇筑记录"，记录施工部位（层、轴线、梁或板、柱等），并做好"泵车交接记录"，于当日交调度员
8	安全与环保	1. 泵车司机应遵守交通规则，安全文明行驶，严禁酒后驾车 2. 泵车司机应按规定定期保养车辆，更换润滑油，并配合修理部做好泵车的大、小修工作 3. 经常检查泵车各易损部位及管路、弯头，防止管路爆炸伤人。清理料斗及泵车内外应在沉淀池边进行，检修废油应及时回收，防止油污染沉淀池水 4. 不得随便打开高压油路液压密封部位，必须检修时，应先把球阀关上，拉下安全阀，待油箱压力下降后方可操作 5. 软管架和端部软管与臂架部段系安全绳，防止其脱落伤人 6. 作业时应戴安全帽、眼镜、橡胶手套和穿绝缘鞋，高空作业时应戴安全带 7. 泵车车身长，上方有泵管，车身高、车体重，行进中应保持中速，注意周围电线、管路、沟壑。风雪天车速应控制在3~5km/h范围内 8. 泵车应停放在平整、坚硬的地面上，禁止将支腿安放在管线或未压实的回填基坑上，与施工现场建筑物、吊车、拖拉线、电线保持足够的安全距离，并便于混凝土运输车进出和停放 9. 在高压线附近使用臂架时，臂架与高压线间距应满足下表要求

（续）

序号	项目	内容
8	安全与环保	<table><tr><th>电压</th><th>臂架与高压线间距(雨天加倍)</th></tr><tr><td>1kV 以下</td><td>1m</td></tr><tr><td>1~10kV</td><td>3m</td></tr><tr><td>110~220kV</td><td>4m</td></tr><tr><td>220~380kV</td><td>5m</td></tr><tr><td>未知电压</td><td>5m</td></tr></table>10. 臂杆软管出口下不得站人,泵管线上不得坐人,防止爆管伤人 11. 设备油液不能泄露在地面上,应使用容器收集并妥善处理 12. 各种废弃油品、更换的油液过滤器滤芯、废弃电池、塑料制品、轮胎等应分类回收,依据相关规定处理 13. 在居民区作业时,应采取降低噪声措施,白天和夜间控制噪声分别不超过 70dB 和 55dB

附录 B 丛书符号和术语（附表 2）

附表 2 丛书符号和术语

类别	符号或单位	注释
长度	m	米
	cm	厘米(或称公分)
	mm	毫米
	km	千米(或称公里)
面积	m^2	平方米
	cm^2	平方厘米
	mm^2	平方毫米
	ϕ	直径

（续）

类别	符号或单位	注　释
体积	m^3	立方米
	cm^3	立方厘米
	L	升:容量计量单位，1 m^3 = 1000L
时间	d	天
	h	小时
	min	分
	s	秒
标高及其误差	+	正
	−	负
	±	正负:用于表示标高，如底层地面标为±0.00;用于质量检测标准中允许误差，如标注±5，则表示允许误差范围为−5～+5
温度	℃	摄氏度
角度	°	度
音量	dB	分贝:音量的强弱(大小)单位
电气	V	电压强度单位
	A	电流强度单位
转速	r/min	转/分钟:机器每分钟的转数，如马达转速 1200r/min
重量	t	吨
	kg	千克(或称公斤)
	g	克
	kg/m^3	千克/立方米:物体每立米的质量。如混凝土每立米的质量为 2400kg，则表示为 2400kg/m^3
	ρ	表示物质单位体积的质量

（续）

类别	符号或单位	注　释
力学	kN	千牛
	N	牛，1kgf≈9.8N
	kN/m^2	千牛/平方米：每平方米面积上的荷载
	kN/m	千牛/米：每延米上的荷载
强度	bar	巴：强度单位，如气压为50bar
	kPa	千帕：强度单位，1kPa=1000Pa
	MPa	兆帕：强度单位。1MPa=10kPa=10bar
	32.5	表示水泥强度等级，即标准养护28d立方体的抗压强度为32.5MPa
	C30	表示混凝土强度等级，即标准养护28d立方体的抗压强度为30MPa
特种性能	P	表示混凝土抗渗等级，如P6表示抗渗等级为6级
	D	表示混凝土抗冻等级，如D200表示混凝土有承受反复200次冻融循环的能力
混凝土配合比单上的符号	C	水泥
	S	砂子
	G	石子
	W	水
	FA	粉煤灰
	KF	矿粉
大小、比例符号	$<$	小于
	$>$	大于
	$\leqslant$	小于或等于，如 $10<H\leqslant 15$，表示 H 应大于10，且小于或等于15

（续）

类别	符号或单位	注　释
大小、比例符号	≥	大于或等于
	%	百分率
	1∶2	表示两种物体所占质(重)量或体积的份额，如 1∶2 水泥砂浆(体积比)表示 1 份水泥，两份砂子；若是按质量计，则表示总重量 300kg，其中水泥 100kg，砂子 200kg
平面、立体尺寸表示方法	240mm×240mm	表示物体的平面尺寸：长度×宽度
	240mm×120mm ×63mm	表示物体的立体尺寸：长度×宽度×厚度(高度)
术语	密　度	“表观密度”即单位密实体积的质量，俗称“比重”；“堆积密度”即单位松散体积的质量，俗称“容重”。单位为 kg/cm^3
	冻融循环	指对混凝土(或其他物质)做耐久性试验，通过反复冻结、融化循环次数，测验其强度损失情况来判定混凝土的耐久性
	电子计量	即采用电子计量器具来测定物体(如砂、石、水泥等)重量，精确度较高、误差小
	建筑荷载	房屋建筑在使用中承受的家俱、设备、人流活动、风雪等以及构件自身的重量，统称为荷载
	集中荷载	荷载形式只集中一处传给构件的称为集中荷载，如楼板次梁搁置在主梁上，则主梁受到次梁传来的集中荷载
	均布荷载	荷载形式均布在构件上的称为均布荷载，如楼板上承受的荷载或屋面的雪载，一般都视为均布荷载

（续）

类别	符号或单位	注　　释
术语	拉　力	构件受两端向外的力作用而产生的内应力为拉力，如屋架的下弦杆。图 1 所示为杆件受拉状态，图中双点画线表示杆件受拉后会变形伸长  P　P 图 1
	压　力	构件受两端向内的力作用而产生的内应力为压力，如中心受压的柱子。图 2 所示为杆件受压状态，图中双点画线表示杆件受压后会压缩变形而缩短了  P　P 图 2
	弯矩	梁受到荷载后发生向下弯曲变形（俗称挠度），使梁产生内应力，下部受拉，上部受压，越靠梁的中央应力越大，即承受的弯矩作用越大。由于混凝土抗压强度高，抗拉强度低，因此在下部使用钢筋为混凝土承受拉力，使梁不致破坏。图 3 所示为梁承受过大荷载后达到破坏状态时的情形 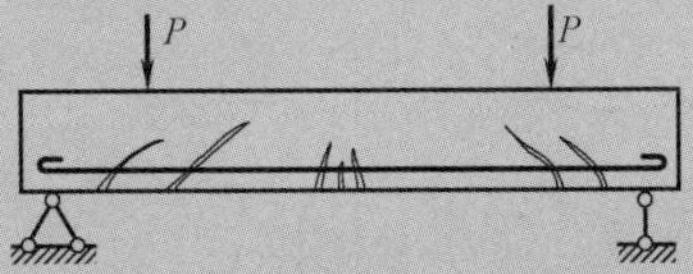 P　P 图 3
	剪　力	当梁受到竖向荷载或墙受到水平荷载（如风荷载）后，梁在靠近两端支座附近区域呈八字形或墙呈 X 形近似 45°斜角截面处产生法向拉应力，使混凝土产生裂缝，即构件受到剪力的作用所致。为此，梁在靠近两端应设置 45°角的弯起钢筋，同时此处钢箍要加密，以抵抗剪力的破坏。如图 3 中梁两端斜向裂缝的产生，大

（续）

类别	符号或单位	注　　释
术语	剪　力	部分是由剪应力引起的。图 4 所示为墙体在地震中受剪力作用后被破坏的状态 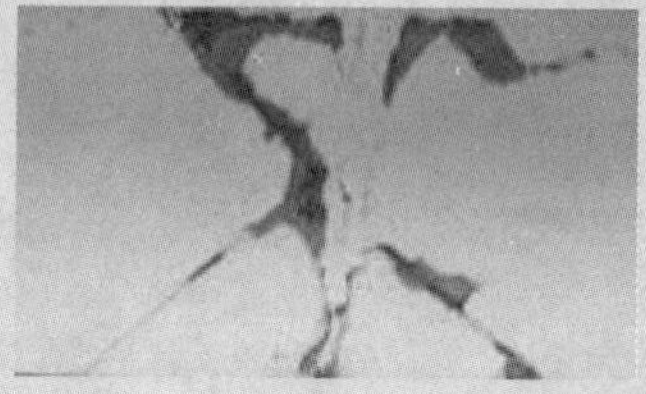 图 4
	地震烈度	国家规定该区域地震强度的等级，设计按此等级采取设防措施
	抗震设防区	按国家规定该区域有发生地震可能的地区，在工程建设中必须按标准（即抗震设防烈度）采取抗震措施
	非地震区	即按国家规定该区域不会发生地震的地区，因此，建筑设计中无需采取抗震设防措施

参考文献

[1] 黄荣辉. 预拌混凝土实用技术简明手册 [M]. 北京：机械工业出版社，2014.

[2] 刘丽华，杨建军. 混凝土机械日常使用与维护 [M]. 北京：机械工业出版社，2010.

[3] 易小刚，易秀明，王尤毅. 现代混凝土泵原理、设计与施工 [M]. 北京：机械工业出版社，2014.

新书推荐

图说建筑工种轻松速成系列丛书

本套丛书从零起点的角度，采用图解的方式讲解了应掌握的操作技能。本书内容简明实用，图文并茂，直观明了，便于读者自学实用。

扫一扫直接购买

图说水暖工技能轻松速成	书号：978-7-111-53396-2	定价：35.00
图说钢筋工技能轻松速成	书号：978-7-111-53405-1	定价：35.00
图说焊工技能轻松速成	书号：978-7-111-53459-4	定价：35.00
图说测量放线工技能轻松速成	书号：978-7-111-53543-0	定价：35.00
图说建筑电工技能轻松速成	书号：978-7-111-53765-6	定价：35.00

图解现场施工实施系列丛书

本套书是由全国著名的建筑专业施工网站—土木在线组织编写，精选大量的施工现场实例。书中内容具体、全面、图片清晰、图面布局合理、具有很强的实用性和参考性。

扫一扫直接购买

书名：图解建筑工程现场施工	书号：978-7-111-47534-7	定价：29.80
书名：图解钢结构工程现场施工	书号：978-7-111-45705-3	定价：29.80
书名：图解水、暖、电工程现场施工	书号：978-7-111-45712-1	定价：26.80
书名：图解园林工程现场施工	书号：978-7-111-45706-0	定价：23.80
书名：图解安全文明现场施工	书号：978-7-111-47628-3	定价：23.80

亲爱的读者：

感谢您对机械工业出版社建筑分社的厚爱和支持！

联系方式：北京市百万庄大街 22 号机械工业出版社　建筑分社　收　邮编 100037

电话：010—68327259　　E-mail：cmpjz2008@126.com

新书推荐

从新手到高手系列丛书（第2版）

本套书根据建筑职业操作技能要求，并结合建筑工程实际等作了具体、详细的介绍。

本书简明扼要、通俗易懂，可作为建筑工程现场施工人员的技术指导书，也可作为施工人员的培训教材。

扫一扫直接购买

书名	书号	定价
书名：建筑电工从新手到高手	书号：978-7-111-44997-3	定价：28.00
书名：防水工从新手到高手	书号：978-7-111-45918-7	定价：28.00
书名：木工从新手到高手	书号：978-7-111-45919-4	定价：28.00
书名：架子工从新手到高手	书号：978-7-111-45922-4	定价：28.00
书名：混凝土工从新手到高手	书号：978-7-111-46292-7	定价：28.00
书名：抹灰工从新手到高手	书号：978-7-111-45765-7	定价：28.00
书名：模板工从新手到高手	书号：978-7-111-45920-0	定价：28.00
书名：砌筑工从新手到高手	书号：978-7-111-45921-7	定价：28.00
书名：钢筋工从新手到高手	书号：978-7-111-45923-1	定价：28.00
书名：水暖工从新手到高手	书号：978-7-111-46034-3	定价：28.00
书名：测量放线工从新手到高手	书号：978-7-111-46249-1	定价：28.00

《施工员上岗必修课》

杨燕　等编著

全书内容丰富，编者根据多年在现场实际工作中的领悟，汇集成施工现场技术及管理方面重点应了解和掌握的基本内容，对现场施工管理人员掌握现场技术及管理方面的知识是一个很好的教程。读者可以根据自己的实际情况选择相关内容学习，也可以用作现场操作的指导书。本书适合现场的施工管理人员、监理人员、业主及在校大学生阅读。

扫一扫直接购买

书号：978-7-111-53713-7　定价：69.00元

检
43